KB115203

꽃 해부 도감

꽃의 구조로 읽는 꽃의 생각

글·사진 **김성환**

인천대학교 생명과학부 겸임교수이며, 그린에코연구소 연구이사이자 (사)한국숲교육협회
이사입니다. 많은 사람이 식물을 조금이라도 더 이해할 수 있기를 바라는 마음으로 숲해설가,
유아숲지도사 과정을 비롯해 시민을 대상으로 하는 식물 교육 프로그램에서 강의도 진행합니다.
쓴 책으로는 『서해안의 아름다운 염생식물』, 『화살표 식물 도감』, 『우리 동네 식물 찾기』, 『인천의
야생동식물 화보집』 등이 있습니다.

꽃 해부 도감

꽃의 구조로 읽는 꽃의 생각

펴낸날 2020년 11월 3일
글·사진 김성환

펴낸이 조영권
만든이 노인향, 백문기
꾸민이 ALL Contents Group

펴낸곳 자연과생태
주소 서울 마포구 신수로 25-32, 101 (구수동)
전화 02) 701-7345~6 **팩스** 02) 701-7347
홈페이지 www.econature.co.kr
등록 제2007-000217호

ISBN 979-11-6450-024-6 96480

김성환 ⓒ 2020

– 이 책의 일부나 전부를 다른 곳에 쓰려면
   반드시 저작권자와 자연과생태 모두에게서 동의를 받아야 합니다.

– 잘못된 책은 산 곳에서 바꾸어 줍니다.

꽃 해부 도감

꽃의 구조로 읽는 꽃의 생각

글·사진 **김성환**

자연과생태

CONTENTS

머리말

식물에게 꽃은 살아가는 이유, 그러니까 후손을 남기는 일에 꼭 필요한 도구예요.
식물이 후손을 남기려면 수정이라는 과정을 거쳐 씨앗을 만들어야 해요.
수정이 이루어지려면 암술과 수술이 만나야 하고요(꽃가루받이).
그런데 식물은 스스로 움직이며 짝을 찾을 수가 없기 때문에 중매쟁이의 힘을 빌려 꽃가루받이할 수밖에 없어요.

식물에게 특히 중요한 중매쟁이는 곤충, 그중에서도 벌이랍니다.
식물은 벌 같은 중매쟁이의 눈길을 끌고자 꽃잎으로 온갖 치장을 하고, 향기를 풍기고, 먹을거리(꿀)도 준비합니다.
때로는 헛꽃 같은 교묘한 속임수를 써서 유혹하기도 하지요.

사람들은 대개 꽃잎과 향기를 가리켜 '꽃이 아름답다'고 말해요.
실제로 꽃에서 가장 중요한 부분(암술과 수술)은 무엇인지, 왜 꽃잎을 꾸미고 향기를 풍기는지는 잘 모른 채 말이에요.
그러다 보니 사람 눈에 비치는 아름다움만 챙기고, 정작 식물 자체는 함부로 대하는 일이 많아요.

꽃은 단순히 아름다움의 상징이 아니에요. 식물이 살아남고자 애쓴 흔적이지요.
이 책에서는 바로 이 흔적, 그러니까 꽃이 어떻게 씨앗을 품고, 열매로 자라는지를 낱낱이 들여다볼 거예요.
식물이 어떻게 삶을 이어 가는지를 알고 나면 자연스레 식물 또한 사람처럼 존중받아야 하는
하나의 생명이라는 것을 알 수 있을 테니까요.

2020년 10월
김성환

이 책에서는 꽃의 발달 과정에 맞춰 사진을 실었어요. 그래서 사진 하나하나를 따로 놓고 보면 각 단계 특징을 자세히 살필 수 있고, 사진 전체를 보면 꽃이 어떻게 씨앗을 품고 열매로 자라는지 한눈에 알 수 있어요. 다음 내용을 먼저 읽어 본 뒤에 본문을 살피면, 여린 꽃잎 속에 감춰진 힘찬 변화를 더욱 생생하게 느낄 수 있을 거예요.

꽃 구조

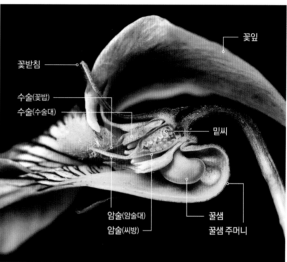

- 꽃은 바깥쪽부터 꽃받침, 꽃갓(꽃잎), 수술, 암술 순서로 이루어집니다.

- 꽃받침은 가장 바깥에 있기 때문에 주로 꽃망울일 때 꽃잎, 수술, 암술을 보호해요. 대개 열매와 함께 끝까지 남지요.

- 대부분 꽃잎에는 무늬(특히 줄무늬)가 있고, 이 무늬는 주로 꿀샘이 있는 곳을 가리킨답니다.
  꽃가루받이 곤충을 유인하려는 전략이라고 생각하면서 관찰해 보면 매우 흥미로워요.

- 수술은 꽃밥과 수술대로 나눠요. 꽃 속에 수술과 암술이 같이 있지만 대부분 제꽃가루받이(자가 수분)를 피하고자
  수술과 암술이 자라는 시기나 높낮이를 달리해요. 그리고 수술 수와 꽃잎 수를 연관 지어 관찰하면 규칙성도 찾을 수 있어요.

- 암술은 암술머리, 암술대, 씨방으로 나눠요. 수술 꽃가루가 암술머리에 옮겨 붙으면 움튼 다음 암술대를 지난 뒤 씨방 안으로 들어갑니다.
  이후 수정이 이루어지면 씨방은 열매로 자라요.

- 꽃은 암술과 수술이 있는 상태에 따라 세 종류(암수한꽃, 수꽃, 암꽃)로 나눠요. 암수한꽃은 꽃 하나 안에 암술과 수술이 같이 있는 꽃,
  수꽃은 꽃 하나 안에 수술만 있거나 암술이 퇴화한 꽃, 암꽃은 꽃 하나 안에 암술만 있거나 수술이 퇴화한 꽃을 가리켜요.

열매 종류

참열매
꽃받침
씨방이 자란 열매
암술대

헛열매
꽃자루(열매자루)
꽃턱이 자란 열매
꽃받침

살찐열매
꽃자루(열매자루)
씨방이 자란 열매

마른열매
깍정이
암술대
씨방이 자란 열매
씨방이 자란 열매
날개

- 씨방이 자란 참열매와, 씨방과 다른 조직이 함께 자란 헛열매가 있어요. 각 꽃에서 자란 열매가 어떤 종류인지 살펴보는 것도 재밌어요.

- 살찐열매와 마른열매가 있습니다. 자연에서 살찐열매를 보면 사과처럼 대개 붉어요. 색이 붉으면 새의 눈에 잘 띄기 때문입니다.
  새가 많이 먹으면 씨앗도 많이 퍼트릴 수 있겠죠? 마른열매는 밤처럼 깍정이가 있고 껍질이 물기 없이 마른 열매를 가리킵니다.

모임열매

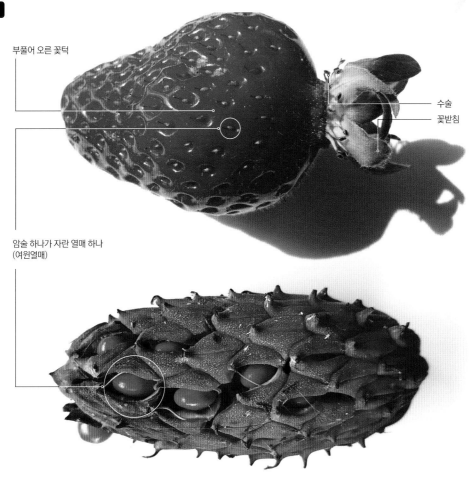

부풀어 오른 꽃턱

수술
꽃받침

암술 하나가 자란 열매 하나
(여윈열매)

■ 작은 열매 여러 개가 달려 커다란 열매 하나처럼 보이는 모임열매도 있어요. 예를 들면, 딸기에서 우리가 먹는 빨간 부분은
꽃턱이라는 곳이 부푼 것이며, 딸기 씨앗으로 생각하는 참깨처럼 박힌 것 하나하나가 다 열매(여윈열매)입니다.

용어 사전

- **가로막:** 씨방에 있는 방을 가로로 나누는 막입니다.

- **깍정이:** 많은 꽃싸개가 합쳐진 것으로 주로 도토리나 밤의 열매를 감쌉니다.

- **꽃:** 씨로 번식하는 식물의 번식 기관입니다.

- **꽃 종류:** 국화과에서만 쓰는 용어예요.
  - 혀모양꽃: 혀처럼 생긴 꽃잎이며, 끝이 주로 5개로 갈라집니다.
  - 대롱모양꽃: 대롱처럼 생긴 꽃잎이며, 끝이 5개로 갈라집니다.
  - 머리모양꽃: 혀모양꽃이나 대롱모양꽃 또는 두 종류 꽃이 촘촘히 모여날 때, 꽃싸개가 바깥을 감싼 꽃입니다.

- **꽃갓(꽃부리):** 꽃덮개 안쪽에 있는 꽃잎 전체를 말합니다. 주로 통꽃이거나 꽃잎 전체가 어떤 모양을 이룰 때 '꽃갓'이라고 많이 쓰며, 꽃잎 하나하나를 가리킬 때는 '꽃잎'이라고 부릅니다.

- **꽃대:** 꽃이 무리 지어 달리는 대 부분을 일컫습니다.

- **꽃덮개(꽃덮이):** 꽃받침과 꽃잎을 합쳐서 부르는 말입니다. 꽃받침과 꽃잎이 뚜렷하게 구분되지 않는 꽃에서 많이 씁니다. 대개 안 팎으로 나뉩니다. 각 조각은 갈래꽃일 때는 '꽃덮개잎'으로, 통꽃일 때는 '꽃덮개갈래'라고 썼습니다.

- **꽃받침:** 꽃 하나에서 가장 바깥에 있는 조직이며, 보통 녹색이 많습니다. 꽃받침을 이루는 각 조각은 '꽃받침잎'이라고 썼습니다.

- **꽃밥:** 수술대에 붙은 꽃가루와 꽃가루를 감싼 주머니를 통틀어 이릅니다.

- **꽃싸개:** 꽃받침 바깥에 있는 잎이 변한 것으로 꽃을 감쌉니다. 꽃싸개가 여러 겹일 때 가장 바깥에 있는 조각을 바깥 꽃싸개 조각이라고 합니다. 또한 꽃싸개는 꽃 가까이에 있기도 하지만 꽃대의 중간이나 밑동에 붙어 있기도 합니다.

- **꽃잎 종류:** 꽃갓이 나비 모양을 이루는 콩과에서만 쓰는 용어예요.
  - 기판: 나비 모양 꽃갓 가장 위쪽에 있는 큰 꽃잎 하나를 가리킵니다.
  - 익판: 나비 모양 꽃갓 가운데에 있는 날개처럼 생긴 꽃잎 두 장을 가리킵니다.
  - 용골판: 나비 모양 꽃갓 가장 아래쪽에 있으며, 주로 암술과 수술을 감싸는 꽃잎 두 장을 가리킵니다.

- **꽃자루:** 꽃 하나와 꽃대를 잇는 자루를 가리킵니다.

- **꽃차례:** 꽃이 줄기나 가지에 달린 모양
  - 고깔모양꽃차례: 꽃 전체가 원뿔 모양으로 달립니다.
  - 고른꽃차례: 꽃자루가 꽃대 아래쪽에 붙은 것은 길고 위쪽으로 갈수록 짧아져 꽃 전체로 보면 편평하게 달린 듯합니다.

– 고른우산살송이모양꽃차례: 꽃대 끝에서 가운데에 있는 꽃자루 꽃이 먼저 핀 다음에 그 주변 꽃자루에 달린 꽃이 핍니다.

– 머리모양꽃차례: 꽃대 끝에 꽃자루가 짧은 꽃이 촘촘히 달려 사람 머리처럼 덩어리를 이룹니다.

– 송이모양꽃차례: 긴 꽃대에 꽃자루가 있는 많은 꽃이 줄지어 달립니다.

– 우산모양꽃차례: 꽃대 한 지점에서 길이가 같은 꽃자루가 달려 전체로 보면 우산을 펼친 듯한 모양입니다.

– 이삭꽃차례: 긴 꽃대에 꽃자루가 거의 없는 꽃이 이삭처럼 달립니다.

■ **꽃턱:** 꽃받침, 꽃잎, 수술, 암술이 자라나는 곳을 가리킵니다.

■ **꿀샘주머니:** 꽃잎 일부가 뒤로 길게 자라서 생깁니다. 속에는 꿀이 나오는 꿀샘이 있어요.

■ **날개:** 꽃이나 잎, 열매, 씨앗 등에서 조직 일부가 얇은 막처럼 변한 것을 일컫습니다.

■ **밑씨:** 아직 수정되지 않은 어린 씨앗을 가리키며, 씨방 속에 들어 있습니다.

■ **부꽃받침:** 꽃받침 바깥쪽이나 꽃받침 사이에 생기는 부속 꽃받침입니다.

■ **비늘조각:** 눈이나 열매 겉면을 비늘처럼 덮거나 꽃싸개, 꽃잎 주변에 돋는 작은 조각입니다.

■ **씨방:** 암술 맨 아래에 있으며, 밑씨가 생기는 방입니다.

■ **씨앗:** 밑씨가 수정되어 생기는 단단한 물질로, 여기서 싹이 틉니다.

■ **열매:** 수정이 끝난 뒤에 씨방 또는 씨방과 다른 기관이 함께 자라 생기며, 대개 속에 씨앗이 들어 있습니다.

– 날개열매: 얇은 막으로 이루어진 날개가 달려 있습니다.

– 마른열매: 껍질이 물기 없이 마른 열매를 가리킵니다.

– 모임열매: 작은 열매 여럿이 모여서 커다란 열매 하나처럼 보입니다.

– 살찐열매: 열매살이 씨앗을 둘러싸는 열매를 가리킵니다.

– 씨열매: 열매 껍질 중에서 속껍질이 딱딱해져 씨앗을 감싸는 열매를 말합니다.

– 여윈열매: 열매 껍질이 얇고 갈라지지 않으며, 주로 씨앗이 하나 들어 있습니다. 여윈열매가 모여 모임열매를 이룹니다.

– 참열매: 씨방이 자라서 생기며, 속에 씨앗이 있습니다.

– 헛열매: 씨방이 꽃턱 같은 다른 조직과 함께 자라 생깁니다.

■ **헛씨껍질:** 조직 일부가 껍질처럼 자라서 씨앗을 둘러쌉니다.

꽃 구조 살펴보기

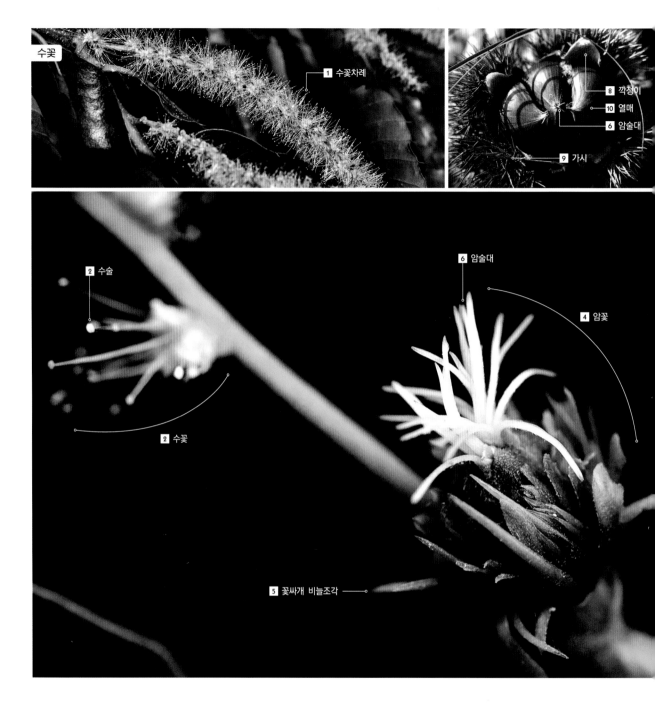

수꽃

1 수꽃차례

8 깍정이
10 열매
6 암술대
9 가시

2 수술

6 암술대

4 암꽃

2 수꽃

5 꽃싸개 비늘조각

001 참나무과

밤나무

1 수꽃은 길쭉한 꽃대에 다닥다닥 달린다.
2 수술은 수꽃마다 10개 안팎이며, 꽃덮개 밖으로 길게 삐져나온다.
3 꽃덮개잎은 6~8장이다.
4 암꽃은 꽃대 밑동에 달린다.
5 뾰족뾰족한 꽃싸개 비늘조각은 나중에 밤송이 가시로 변한다.

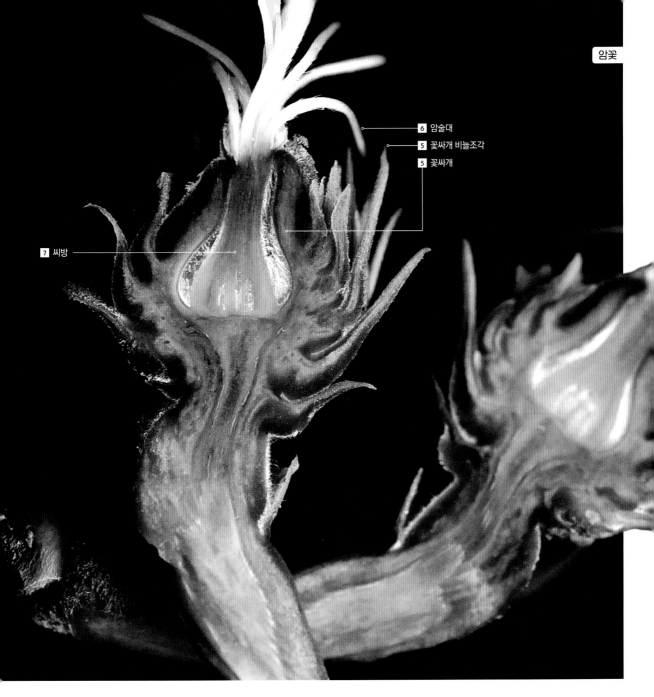

6 암술대

5 꽃싸개 비늘조각

5 꽃싸개

7 씨방

6 암술대는 길쭉해서 꽃싸개 밖으로 나온다.

7 씨방은 열매로 자란다.

8 9 깍정이는 2~4개로 갈라지며, 겉면은 가시로 빼곡하다.

10 열매(밤톨)는 깍정이 속에 1~3개 들어 있고, 끝에 암술대 흔적이 있다.

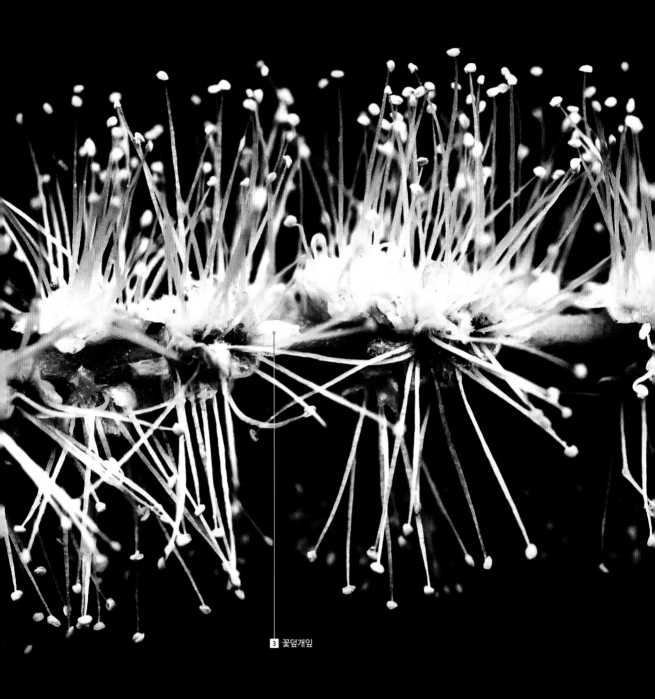

3 꽃덮개잎

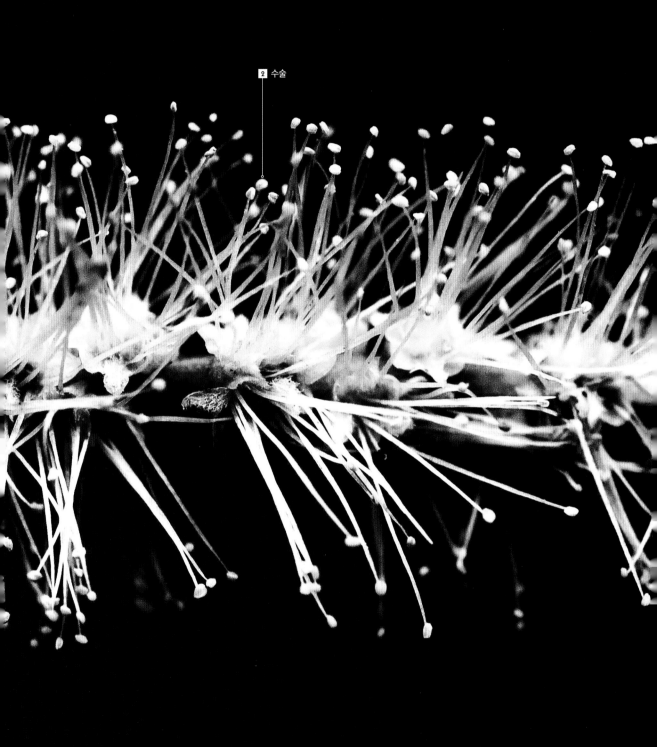

2 수술

꽃차례 1 · **꽃덮개** 4 · **수술** 2 · **암술대** 3 · **꽃덮개** 4 · **수술** 2 · **꽃덮개** 4 · **열매** 8 · **꽃** 7 · **꽃자루** 6 · **꽃덮개** 4 · **꽃싸개** 5

▨▨▨▨ 002 ▨▨▨ 마디풀과

고마리

1 줄기 끝에 여러 꽃이 모여 꼭 커다란 한 송이처럼 달린다(머리모양꽃차례).
2 수술은 8개이다.
3 암술대는 3개이다.
4 꽃덮개는 5개로 갈라진다.
5 6 꽃싸개는 꽃자루를 감싼다.

4 꽃덮개

2 수술

9 꿀샘

8 씨방

5 꽃싸개

7 꽃싸개 안쪽 밑에 꽃자루가 거의 없는 꽃이
들어 있다.
8 씨방 하나가 열매로 자라며, 삼면으로
각이 진다.
9 꿀샘은 꽃 안쪽 밑동에 왕관처럼 솟아 있다.

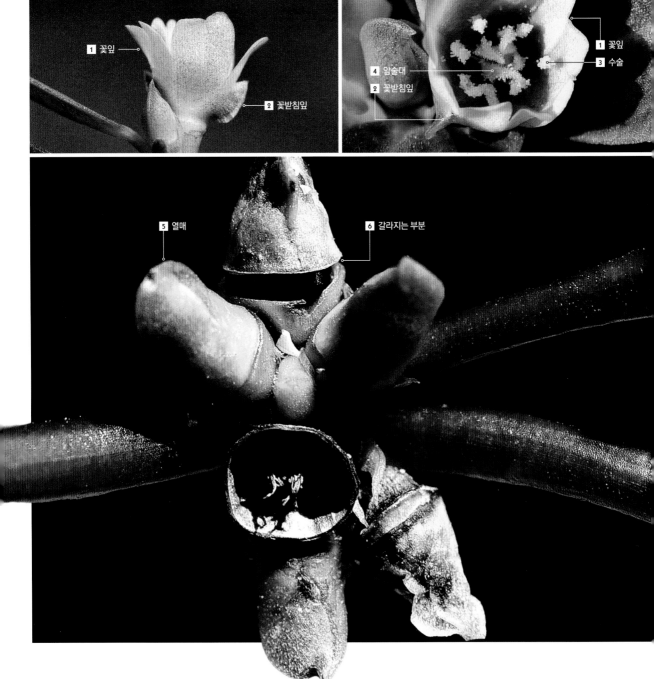

1 꽃잎
2 꽃받침잎

1 꽃잎
3 수술
4 암술대
2 꽃받침잎

5 열매
6 갈라지는 부분

003 쇼비름과

쇼비름

1 꽃잎은 5장이며, 끝이 오목하다.
2 꽃받침잎은 2장이며, 각각은 양 끝을 눌러 붙인 듯하다.
3 수술은 7~12개이다.
4 암술대는 5개쯤이다.
5 6 열매는 끝이 살짝 뾰족하고, 가로로 갈라진다.
7 씨앗은 열매 밑동에 모여난다.

5 열매

7 씨앗

5 열매

7 씨앗

4 수술
2 꽃잎
3 꽃받침잎

3 꽃받침잎
6 열매

5 암술대
4 수술
6 씨방
7 밑씨
3 꽃받침잎

6 열매
7 씨앗

004 석죽과

개별꽃

1 꽃은 줄기 끝에 1~5개씩 달린다.
2 꽃잎은 5장이며, 끝이 오목하다.
3 꽃받침잎은 5장이다.
4 수술은 10개이며, 5개씩 2줄로 나란히 놓인다.
5 암술대는 3개이다.
6 씨방이 열매로 자라며, 씨방 속 밑동에 밑씨가 여러 개 모여 달린다.
7 밑씨가 자라 씨앗이 되고, 씨앗은 오돌토돌하다.

5 암술대
4 수술
6 씨방
3 꽃받침잎
2 꽃잎

1 꽃차례

4 수술
5 암술대
6 씨방

2 꽃잎

3 꽃받침잎
7 밑씨

꽃 속에 담긴 비밀 규칙 ①

개별꽃이나 큰개별꽃처럼
꽃잎과 꽃받침잎 수가 같은 꽃이 많아요.
그리고 수술도 꽃잎 수와 같거나 2배인 것이 많아요.

005 석죽과

큰개별꽃

1 꽃은 줄기 끝에 하나씩 달린다.
2 꽃잎은 5~8장이며 끝이 둥글다.
3 꽃받침잎은 5~8장이다.
4 수술은 10~16개이며, 꽃잎 수보다 2배 많다.
5 암술대는 3~4개이다.
6 씨방은 하나이며, 램프 같다.
7 밑씨는 여러 개이며, 씨방 속 밑동에 모여 달린다.

2 꽃잎 비늘조각

6 암술대

3 꽃받침

1 꽃잎
4 수술

006 석죽과

끈끈이대나물

1 꽃잎은 5장이고, 끝이 약간 오목하다.
2 꽃잎 밑동에 꽃잎 하나마다 2개씩(모두 10개) 비늘조각이 붙는다.
3 꽃받침은 길쭉한 통으로 이루어지며, 세로 줄무늬가 있고,
  끝이 5개로 갈라진다.

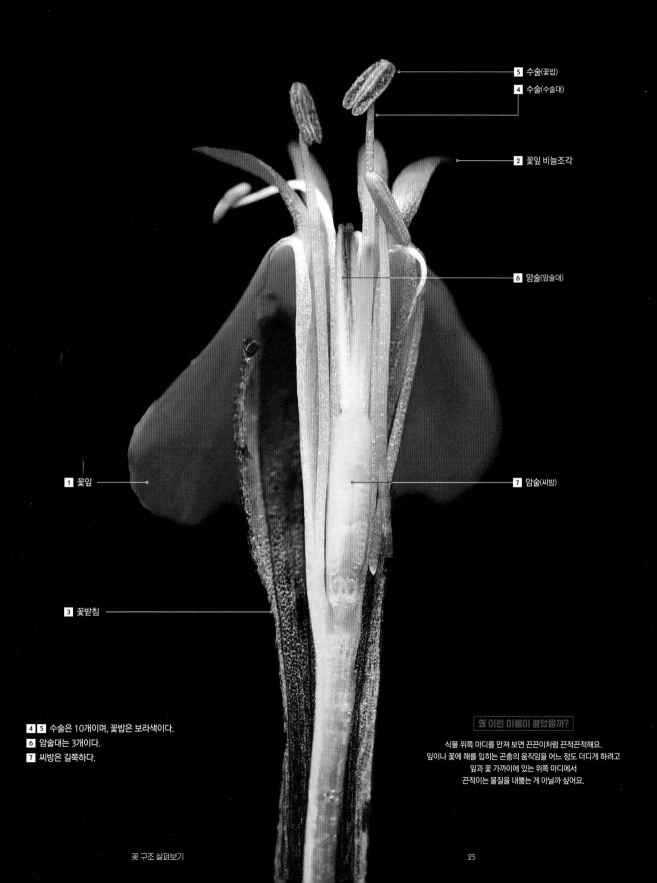

5 수술(꽃밥)

4 수술(수술대)

2 꽃잎 비늘조각

6 암술(암술대)

1 꽃잎

7 암술(씨방)

3 꽃받침

4 5 수술은 10개이며, 꽃밥은 보라색이다.
6 암술대는 3개이다.
7 씨방은 길쭉하다.

왜 이런 이름이 붙었을까?

식물 위쪽 마디를 만져 보면 끈끈이처럼 끈적끈적해요.
잎이나 꽃에 해를 입히는 곤충의 움직임을 어느 정도 더디게 하려고
잎과 꽃 가까이에 있는 위쪽 마디에서
끈적이는 물질을 내뿜는 게 아닐까 싶어요.

1 꽃차례
4 꿀샘주머니
2 꽃받침잎
8 열매
3 꽃잎

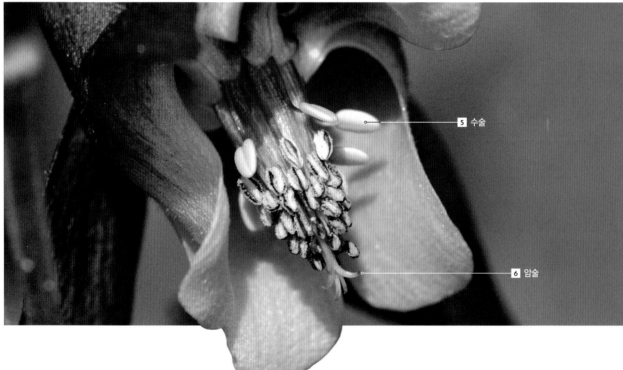

5 수술
6 암술

007 미나리아재비과

애기똥풀

1 꽃은 줄기와 가지 끝에 하나씩 아래로 달린다.
2 꽃받침잎은 5개이다.
3 꽃잎은 5장이며, 밑동에 고깔처럼 생긴 꿀샘주머니가 있다.
4 꿀샘주머니 끝은 안쪽으로 도르르 말렸다.

2 꽃받침잎   3 꽃잎

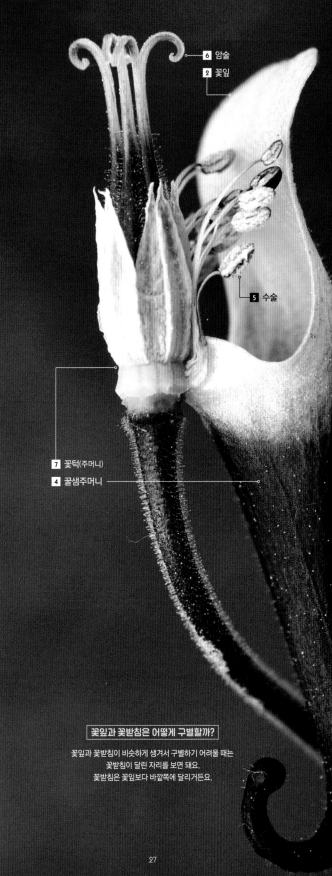

6 암술
2 꽃잎
5 수술
7 꽃턱(주머니)
4 꿀샘주머니

5 수술은 많으며, 암술 주변을 둘러싼다.
6 암술은 5개이다.
7 꽃턱 일부가 주머니처럼 변해 암술을 감싼다.
8 암술 5개가 각각 열매로 자란다.

꽃잎과 꽃받침은 어떻게 구별할까?

꽃잎과 꽃받침이 비슷하게 생겨서 구별하기 어려울 때는
꽃받침이 달린 자리를 보면 돼요.
꽃받침은 꽃잎보다 바깥쪽에 달리거든요.

4 수술

2 꽃덮개잎

3 암술

5 열매

4 수술

3 암술

1 꽃은 줄기와 가지 끝에 하나씩 달린다.

2 꽃덮개잎은 9장이며, 바깥쪽 3장은 아래로 처지고,
　 나머지 6장은 밑동에 주황색 무늬가 있다.

3 암술은 여러 개이며, 모여난다.

4 수술은 여러 개이다.

5 열매는 날개열매이다.

008 목련과

백합나무 (튤립나무)

2 안쪽 꽃덮개잎 ───○

1 꽃차례 ───○

2 안쪽 꽃덮개잎 ───○

2 바깥쪽 꽃덮개잎 ───○

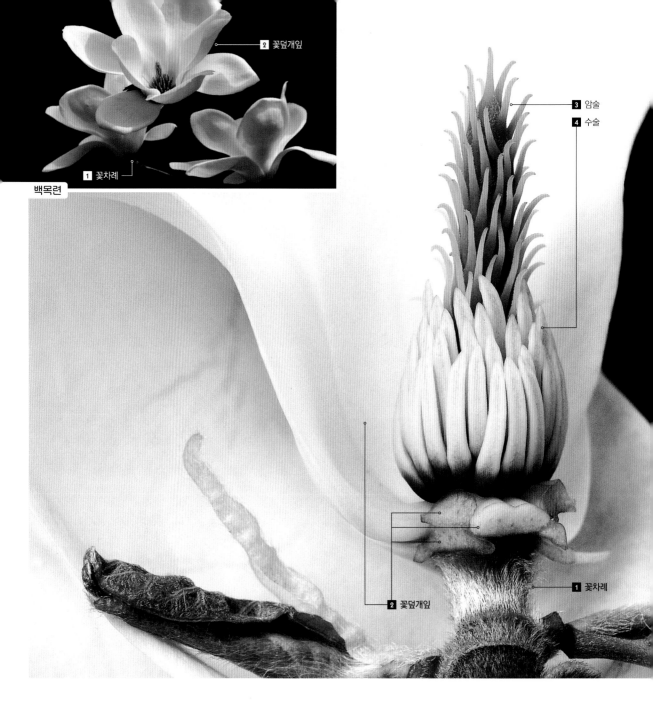

백목련

2 꽃덮개잎

1 꽃차례

3 암술
4 수술

2 꽃덮개잎

1 꽃차례

■009■ 목련과
백목련 · 목련 · 자주목련

1 꽃은 줄기와 가지 끝에 큰 꽃이 하나씩 달리며, 잎보다 먼저 핀다.
2 **백목련:** 큰 꽃덮개잎이 9장쯤 있으며, 위로 뻗는다.
　　　목련: 큰 꽃덮개잎이 6장쯤 있으며, 활짝 펼쳐진다.
　　　자주목련: 큰 꽃덮개잎이 9장쯤 있으며, 위로 뻗는다.

목련

2 꽃덮개잎

2 겨울눈 껍질

자주목련

3 암술

2 꽃덮개잎

3 암술은 여러 개이며, 얇고 길쭉하고 촘촘하다.
백목련과 목련은 암술이 연두색이나 자주목련은 자주색이다.
4 수술은 여러 개이며, 암술보다는 굵고 짧다.
5 겨울눈 껍질에는 갈색 털이 보송보송하다.

자주목련과 자목련

자주목련과 비슷하지만 다른 종인 자목련도 있어요.
자주목련은 꽃덮개잎 바깥쪽만 자주색이지만,
자목련은 안팎이 모두 자주색이에요.
다만, 자목련은 주변에서 드물게 보인답니다.

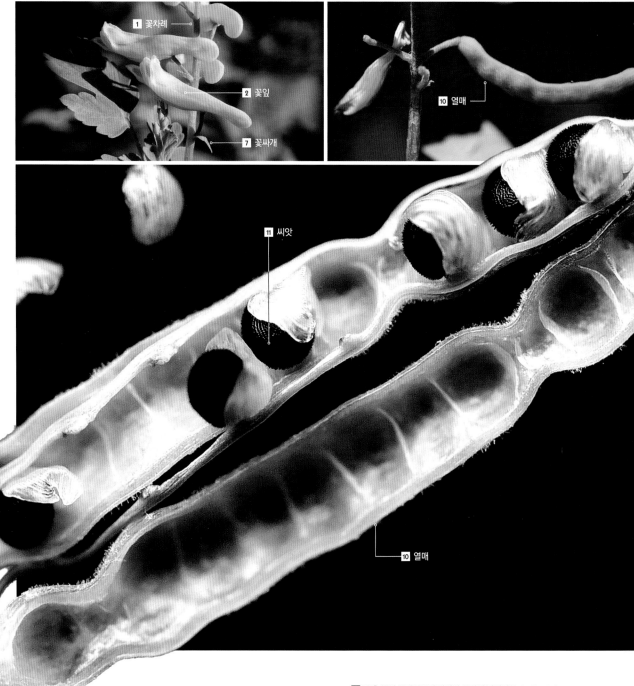

1 꽃차례

2 꽃잎

7 꽃싸개

10 열매

11 씨앗

10 열매

010 양귀비과

염주괴불주머니

1 꽃은 줄기 끝에서부터 여럿이 줄지어 달린다(송이모양꽃차례).

2 꽃잎은 4장이며, 바깥쪽 2장은 위아래가 입술처럼 벌어졌고, 안쪽 2장은 좌우로 놓여 암술과 수술을 감싼다.

3 안쪽 꽃잎 위쪽에 얇은 막 같은 날개가 있다.

4 수술은 6개이며, 3개씩 한 다발을 이룬다.

5 암술대는 하나이며, 씨방 속에 밑씨가 여러 개 들어 있다.

6 꽃받침잎은 2장이며, 작은 비늘처럼 생겼다.

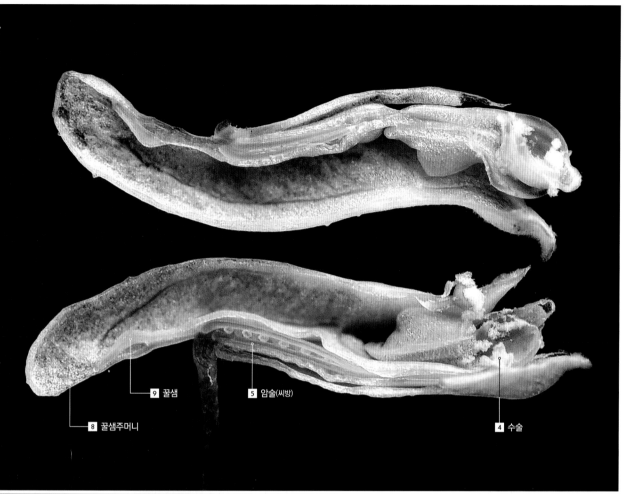

9 꿀샘

5 암술(씨방)

8 꿀샘주머니

4 수술

8 꿀샘주머니

4 수술

2 꽃잎

5 암술(암술대)

3 날개   2 꽃잎   2 꽃잎

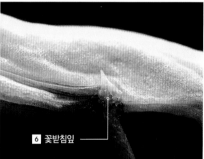

6 꽃받침잎

7 꽃싸개는 끝이 뾰족하다.

8 꿀샘주머니는 위쪽 꽃잎 밑동에서 뒤쪽으로 뻗다가 아래로 살짝 볼록해진다.

9 꿀샘주머니 바닥을 따라 긴 꿀샘이 있다.

10 열매는 콩 꼬투리처럼 생겼고, 씨앗이 놓인 사이사이가 잘록잘록하다.

11 씨앗은 칸칸이 가지런히 놓인다.

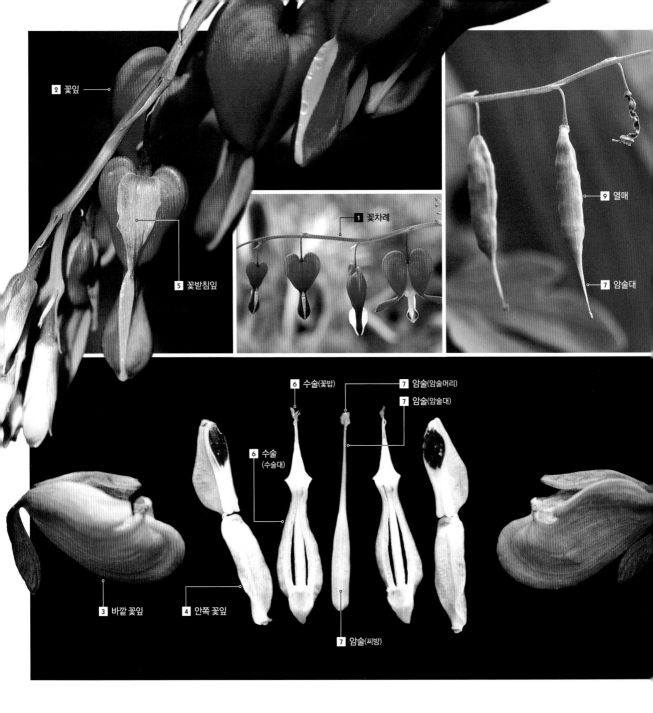

2 꽃잎

5 꽃받침잎

1 꽃차례

9 열매

7 암술대

6 수술(꽃밥)

7 암술(암술머리)

7 암술(암술대)

6 수술
(수술대)

3 바깥 꽃잎

4 안쪽 꽃잎

7 암술(씨방)

011 양귀비과

금낭화

1 꽃은 줄기 끝에서부터 차례로 총총히 달리며(송이모양꽃차례), 모두 아래로 핀다.

2 꽃잎은 4장이다.

3 바깥 꽃잎 2장은 진분홍색에 통통한 하트 같고, 아래로 가면서 폭이 좁아지다
팔을 뻗듯 젖혀진다.

4 안쪽 꽃잎 2장은 흰색으로 길고 납작하며, 윗부분이 숟가락처럼 생겨서
암술머리와 꽃밥을 포개듯 감싸고, 얇은 막 같은 날개가 있다.

5 꽃받침잎은 2장이다. 꽃이 피면 일찍 떨어지기 때문에 꽃망울 때 살펴야 보인다.

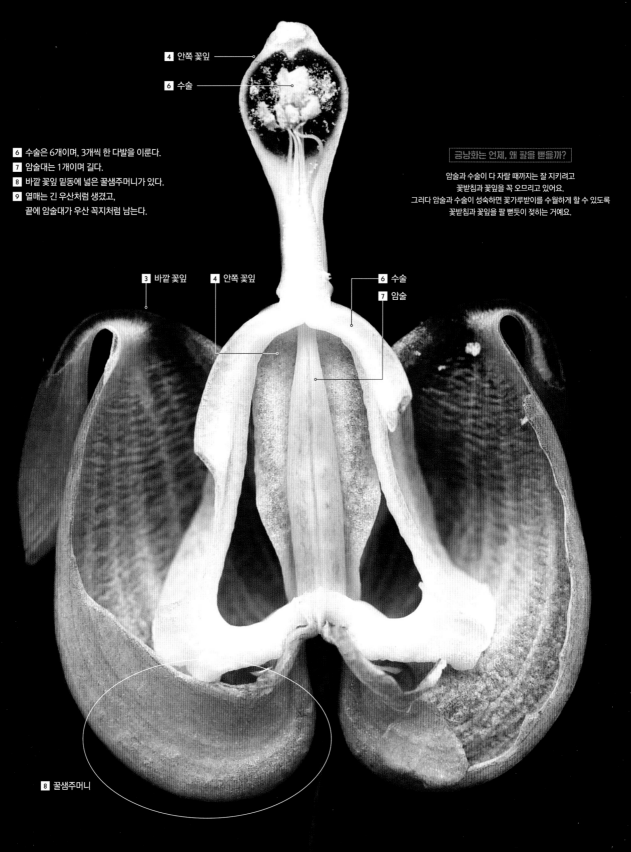

4 안쪽 꽃잎

6 수술

6 수술은 6개이며, 3개씩 한 다발을 이룬다.
7 암술대는 1개이며 길다.
8 바깥 꽃잎 밑동에 넓은 꿀샘주머니가 있다.
9 열매는 긴 우산처럼 생겼고,
　　끝에 암술대가 우산 꼭지처럼 남는다.

금낭화는 언제, 왜 팔을 뻗을까?

암술과 수술이 다 자랄 때까지는 잘 지키려고
꽃받침과 꽃잎을 꼭 오므리고 있어요.
그러다 암술과 수술이 성숙하면 꽃가루받이를 수월하게 할 수 있도록
꽃받침과 꽃잎을 팔 뻗듯이 젖히는 거예요.

3 바깥 꽃잎

4 안쪽 꽃잎

6 수술

7 암술

8 꿀샘주머니

2 꽃잎

4 수술 5 암술

2 꽃잎

3 꽃받침잎

2 꽃잎

5 암술(암술머리)

5 암술(암술대)

4 수술(꽃밥)

5 씨앗(밑씨)

5 암술(씨방)

4 수술(수술대)

3 꽃받침잎

3 꽃받침잎

4 수술

1 꽃차례   5 암술

012   십자화과

갓

1 꽃은 줄기 끝에 여럿이 달린다(송이모양꽃차례).

2 3 꽃잎은 4장이고, 꽃받침잎도 4장이다.

4 수술은 6개이며, 그 가운데 2개는 짧다.

5 암술대는 1개이며, 씨방이 길고, 밑씨는 여러 개이다.

6 열매는 길고 뾰족하다.

7 씨앗은 한 줄로 늘어선다.

6 열매

7 씨앗

6 열매

십자화과 특징

꽃잎은 4장, 꽃받침잎은 4개이고,
수술은 2, 4, 6개처럼 짝수이며,
꽃은 줄기 끝에 여럿이 달려요(송이모양꽃차례).
그리고 열매 생김새도 거의 달라
열매로도 어느 정도 구별할 수 있어요.

2 꽃잎

2 꽃잎

4 수술

1 꽃차례

3 꽃받침잎

3 꽃받침잎

2 꽃잎

3 꽃받침잎

2 꽃잎

4 수술

3 꽃받침잎

013 십자화과

갯무

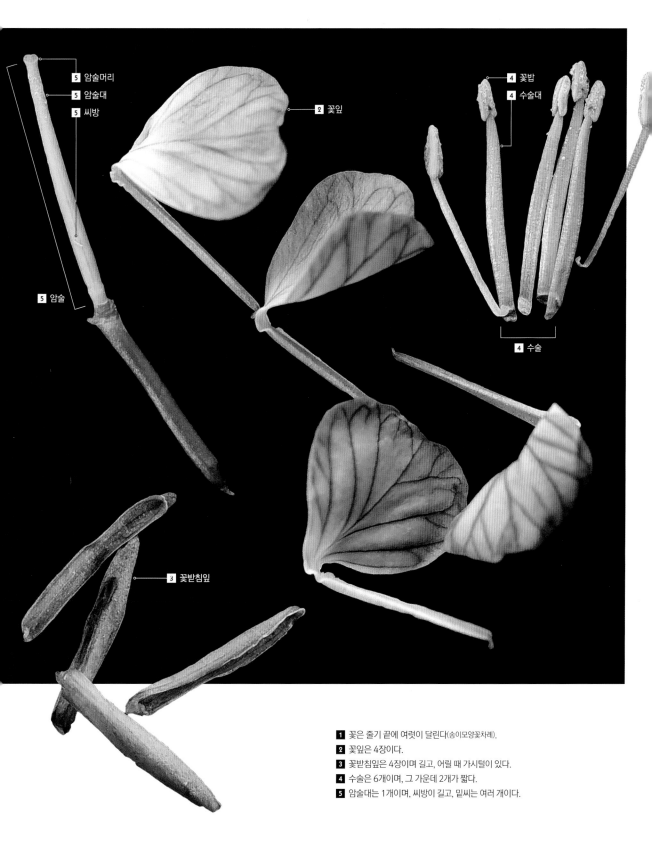

5 암술머리
5 암술대
5 씨방
2 꽃잎
4 꽃밥
4 수술대
5 암술
4 수술
3 꽃받침잎

1 꽃은 줄기 끝에 여럿이 달린다(송이모양꽃차례).
2 꽃잎은 4장이다.
3 꽃받침잎은 4장이며 길고, 어릴 때 가시털이 있다.
4 수술은 6개이며, 그 가운데 2개가 짧다.
5 암술대는 1개이며, 씨방이 길고, 밑씨는 여러 개이다.

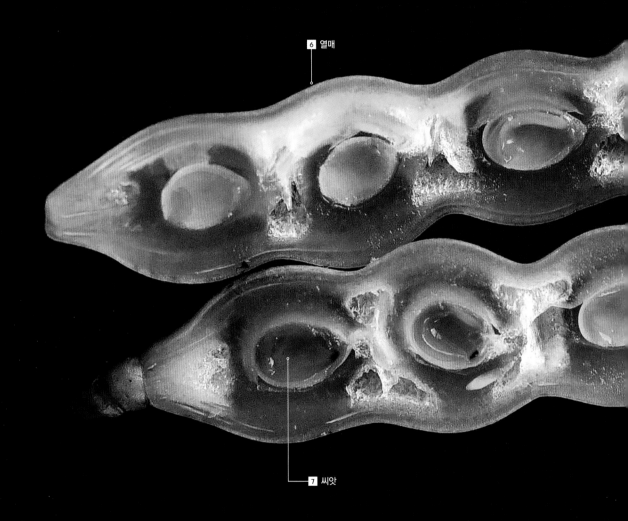

6 열매

7 씨앗

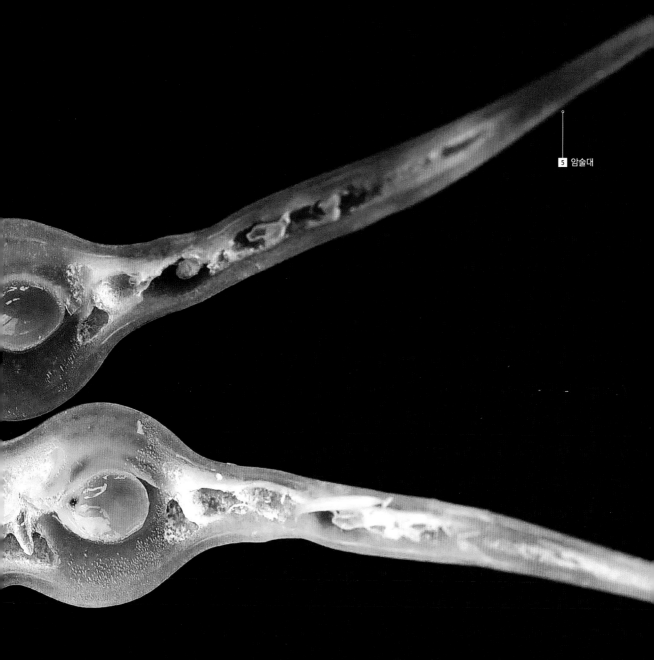

5 암술대

6 열매는 길며, 씨앗이 놓인 사이사이가 잘록하고, 끝이 뾰족하다.
7 씨앗은 칸칸이 늘어선다.

이름에 '갯'자가 붙는 식물

주로 바닷가에 사는 식물에 '갯'자가 붙어요.
갯무도 남부 지방 바다 쪽으로 갈수록 점점 많아져요.

6 열매
1 꽃차례

8 가로막
7 씨앗

2 꽃잎

3 꽃받침잎

2 꽃잎

4 수술
5 암술

4 수술

5 암술

014 십자화과

말냉이

1 꽃은 줄기 끝에 여럿이 달린다(송이모양꽃차례).
2 3 꽃잎과 꽃받침잎은 각각 4장이다.
4 수술은 6개이다.
5 암술대는 1개이며 짧다.
6 열매 가장자리에 넓은 날개가 있고, 끝이 깊게 파인다.
7 8 씨앗은 가로막을 사이에 두고 양쪽에 달리며, 표면에 줄무늬가 있다.

1 꽃차례

2 꽃잎
3 꽃받침잎

왜 이런 이름이 붙었을까?

계곡 바위틈이나 절벽에서 자라고,
잎이 단풍나무 잎처럼 생겼어요.

5 암술(암술대)
5 암술(씨방)
4 수술

3 꽃받침잎
2 꽃잎
4 수술
6 밑씨

4 수술
5 암술

2 꽃잎
3 꽃받침잎

015 범의귀과

돌단풍

1 꽃은 꽃대 가운데에서 가장자리 순으로 달린다(고른우산살송이모양꽃차례).
2 꽃잎은 5~7장이며, 꽃받침잎보다 짧다.
3 꽃받침잎은 꽃잎처럼 생겼으며, 5~7장이다.
4 수술은 5~7개이며, 꽃잎보다 짧다.
5 암술 2개가 밑동에서 뭉치며, 암술대는 각각 1개이다.
6 밑씨 여러 개가 가운데 축에 모여난다.

수꽃

2 꽃잎
4 수술

1 꽃차례

7 열매

8 씨앗

암수한꽃

5 암술
4 수술

2 꽃잎

3 꽃받침잎
6 꽃턱

1 꽃차례

7 씨방

016 장미과

명자꽃

1 꽃 색깔은 품종에 따라 다양하며
  잎겨드랑이에 여러 개가 모여난다.
  꽃에 따라 수꽃과 암수한꽃이 뒤섞여 있다.
2 꽃잎은 5장이며, 끝이 둥글다.
3 꽃받침잎은 5장이며, 자잘한 톱니가 있다.
4 수술은 여러 개이며, 통처럼 생긴 꽃턱 안쪽에 붙는다.

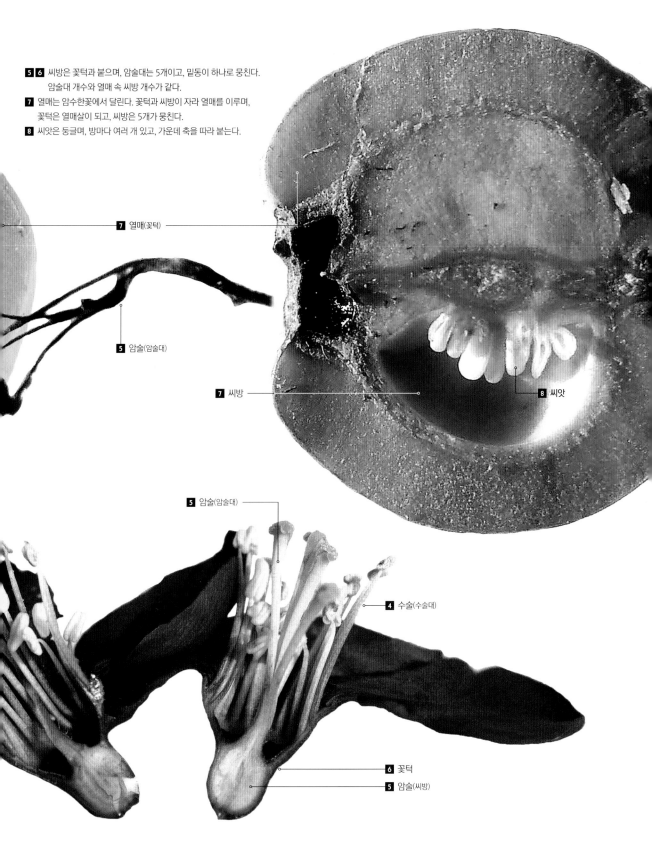

5 **6** 씨방은 꽃턱과 붙으며, 암술대는 5개이고, 밑동이 하나로 뭉친다. 암술대 개수와 열매 속 씨방 개수가 같다.

7 열매는 암수한꽃에서 달린다. 꽃턱과 씨방이 자라 열매를 이루며, 꽃턱은 열매살이 되고, 씨방은 5개가 뭉친다.

8 씨앗은 둥글며, 방마다 여러 개 있고, 가운데 축을 따라 붙는다.

7 열매(꽃턱)

5 암술(암술대)

7 씨방

8 씨앗

5 암술(암술대)

4 수술(수술대)

6 꽃턱

5 암술(씨방)

2 꽃잎

3 꽃받침잎

4 부꽃받침잎

3 꽃받침잎

4 부꽃받침잎

9 열매

10 여윈열매 1개

9 모임열매

6 암술

5 수술

5 수술

8 부푼 꽃턱

4 부꽃받침잎

3 꽃받침잎

017 장미과

뱀딸기

1 꽃은 잎겨드랑이에 1개씩 달린다.

2 꽃잎은 5장쯤이며 끝이 편평하거나 약간 파인다.

3 꽃받침잎은 5장이며, 끝이 뾰족하고, 바깥쪽 면에 긴 털이 많다.

4 부꽃받침잎은 5장이며, 끝이 3~5개로 갈라진다.

5 수술은 여러 개이다.

6 암술은 여러 개이며, 부푼 꽃턱 위에 모여난다.

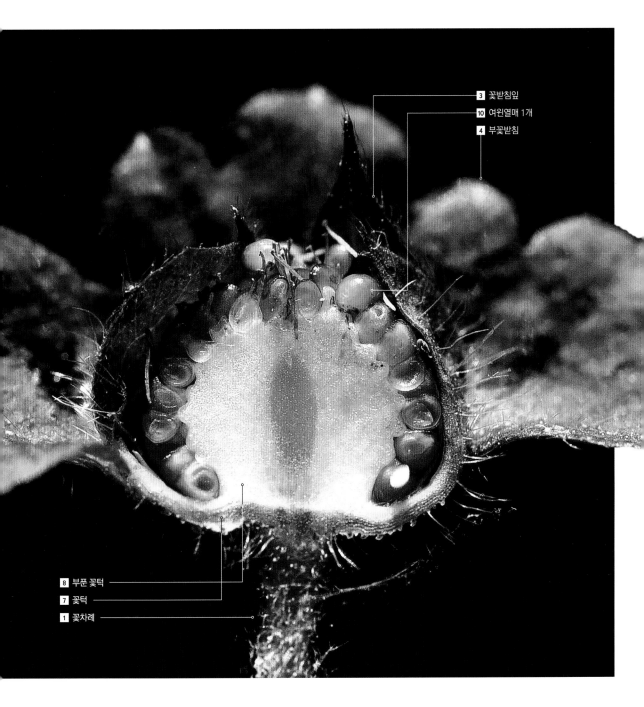

3 꽃받침잎

10 여윈열매 1개

4 부꽃받침

8 부푼 꽃턱

7 꽃턱

1 꽃차례

7 꽃턱은 접시처럼 꽃을 받친다.

8 꽃턱은 꽃가루받이가 끝난 뒤에 가운데가 동그랗게 부풀고
겉면이 붉게 변한다(부푼 꽃턱).

9 부푼 꽃턱 표면에 여윈열매가 여러 개 붙어 있어
큰 열매 하나처럼 보인다(모임열매).

10 실제로는 암술에서 자란 여윈열매 하나하나가 열매다.

3 꽃받침잎
4 부꽃받침잎

1 꽃차례

7 부푼 꽃턱

2 꽃잎

3 꽃받침잎
4 부꽃받침잎

7 부푼 꽃턱
9 여윈열매 1개

5 수술
6 암술

8 열매(모임열매)

018 장미과

딸기

1 꽃은 꽃대 가운데에서 가장자리 순으로(고른우산살송이모양꽃차례),
5개 이상 달린다.
2 꽃잎은 5장이며, 끝이 밋밋하다.
3 꽃받침잎은 5장이며, 털이 많다.
4 부꽃받침잎은 5장이며, 꽃받침보다 작다.
5 수술은 여러 개이다.

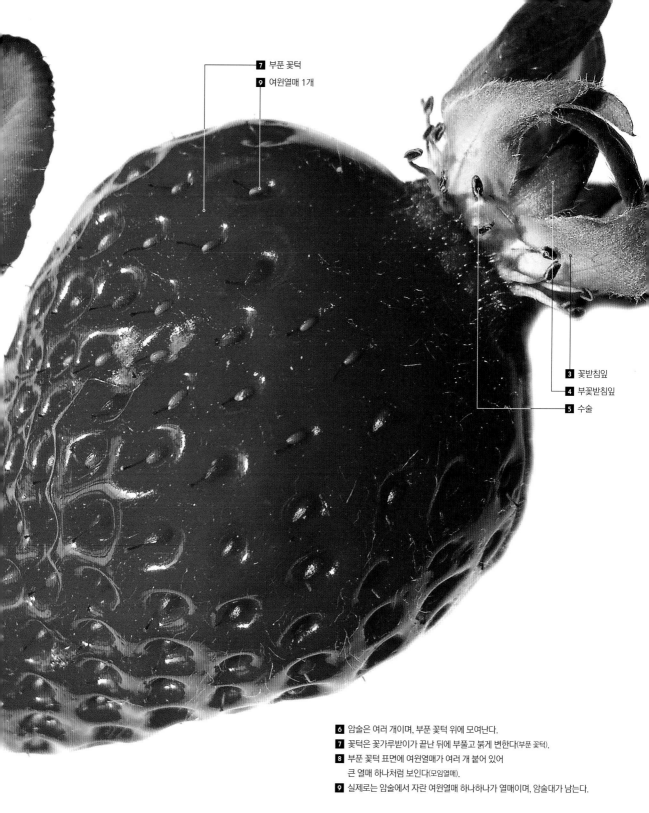

7 부푼 꽃턱

9 여윈열매 1개

3 꽃받침잎

4 부꽃받침잎

5 수술

6 암술은 여러 개이며, 부푼 꽃턱 위에 모여난다.

7 꽃턱은 꽃가루받이가 끝난 뒤에 부풀고 붉게 변한다(부푼 꽃턱).

8 부푼 꽃턱 표면에 여윈열매가 여러 개 붙어 있어
큰 열매 하나처럼 보인다(모임열매).

9 실제로는 암술에서 자란 여윈열매 하나하나가 열매이며, 암술대가 남는다.

2 꽃잎
4 수술
5 암술(암술대)

2 꽃잎(겹꽃)

019 장미과

황매화

1 꽃은 가지 끝에 1개씩 달린다.
2 꽃잎은 5장 또는 겹꽃이다.
3 꽃받침잎은 5장이며, 끝이 뾰족하다.

4 수술

3 꽃받침잎

6 꽃턱

5 암술

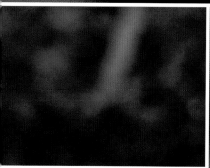

2 꽃잎

3 꽃받침잎

6 꽃턱

1 꽃차례

4 수술은 여러 개이며, 꽃잎보다 짧다.
5 암술대는 5~8개가 있으며, 가늘고 길다.
6 꽃턱은 얕은 잔처럼 생겼다.

3 꽃받침잎

7 열매(씨방)　　　　　8 씨앗

3 꽃받침잎
7 열매(꽃턱)
7 열매(씨방)
8 씨앗

2 꽃잎

4 수술
5 암술

1 꽃차례

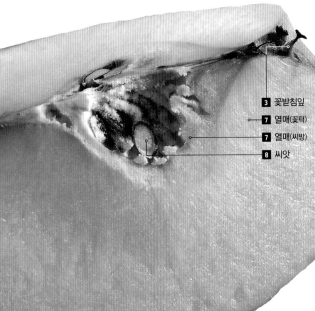

사과나무

1 꽃은 가지 끝에 5~7개가 모여난다.
2 꽃잎은 5장이며, 끝이 둥글다.
3 꽃받침잎은 5장이며, 털이 많다.
4 수술은 여러 개이며, 수술대가 통처럼 생긴 꽃턱 안쪽에 붙는다.
5 씨방은 꽃턱과 붙으며, 암술대는 5개이고, 밑동이 하나로 뭉친다.
　 암술대 개수와 열매 속 씨방 개수가 같다.

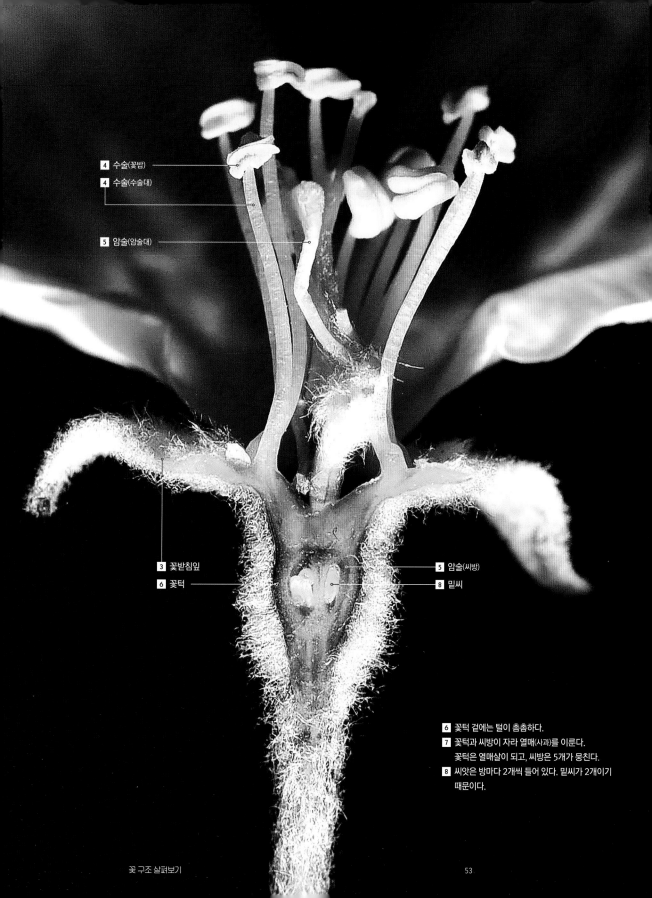

4 수술(꽃밥)

4 수술(수술대)

5 암술(암술대)

3 꽃받침잎

6 꽃턱

5 암술(씨방)

8 밑씨

6 꽃턱 겉에는 털이 촘촘하다.
7 꽃턱과 씨방이 자라 열매(사과)를 이룬다.
   꽃턱은 열매살이 되고, 씨방은 5개가 뭉친다.
8 씨앗은 방마다 2개씩 들어 있다. 밑씨가 2개이기
   때문이다.

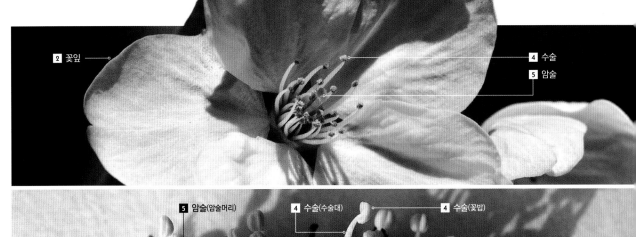

2 꽃잎
4 수술
5 암술

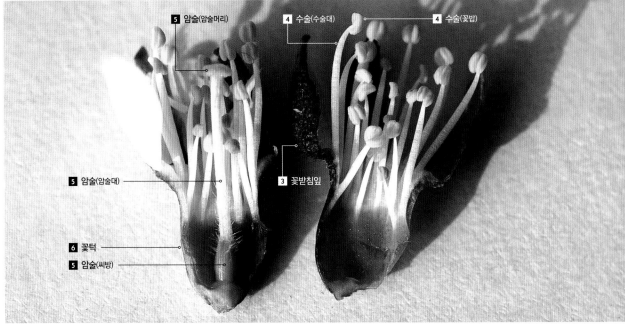

5 암술(암술머리)
4 수술(수술대)
4 수술(꽃밥)
5 암술(암술대)
3 꽃받침잎
6 꽃턱
5 암술(씨방)

1 꽃차례
7 열매

021 장미과

왕벚나무

1 꽃은 3~5개씩 모여나며, 잎보다 먼저 핀다.
2 꽃잎은 5장이며, 끝이 둥글거나 약간 파인다.
3 꽃받침잎은 5장이며, 바깥쪽에 털이 있다.
4 수술은 여러 개이며, 길이가 다양하고, 통처럼 생긴 꽃턱 안쪽에 붙는다.

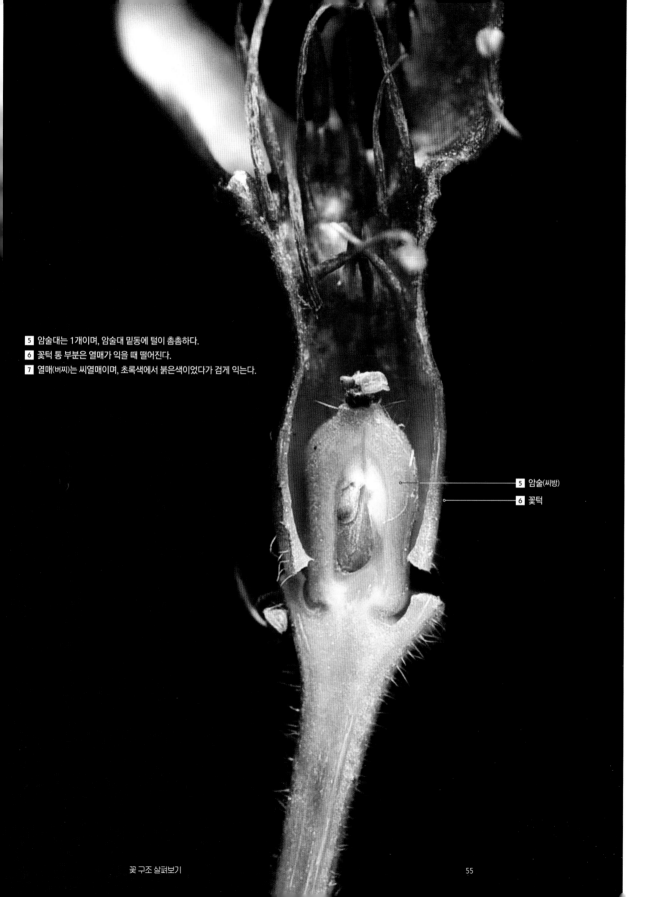

5 암술대는 1개이며, 암술대 밑동에 털이 촘촘하다.
6 꽃턱 통 부분은 열매가 익을 때 떨어진다.
7 열매(버찌)는 씨열매이며, 초록색에서 붉은색이었다가 검게 익는다.

5 암술(씨방)
6 꽃턱

2 꽃잎

4 수술
5 암술

3 꽃받침잎
1 꽃차례

4 수술

3 꽃받침잎

5 암술(씨방)
6 꽃턱
1 꽃자루

벚나무

4 수술

5 암술

3 꽃받침잎
6 꽃턱

1 꽃자루

022 장미과

잔털벚나무·벚나무

1 꽃은 2~4개씩 모여난다. 벚나무는 잔털벚나무에 비해 꽃자루에 털이 적다.
2 꽃잎은 5장이며, 끝이 둥글거나 약간 파인다.
3 꽃받침잎은 5장이며, 뾰족하다.
4 수술은 여러 개이며, 길이가 다양하고, 통처럼 생긴 꽃턱 안쪽에 붙는다.

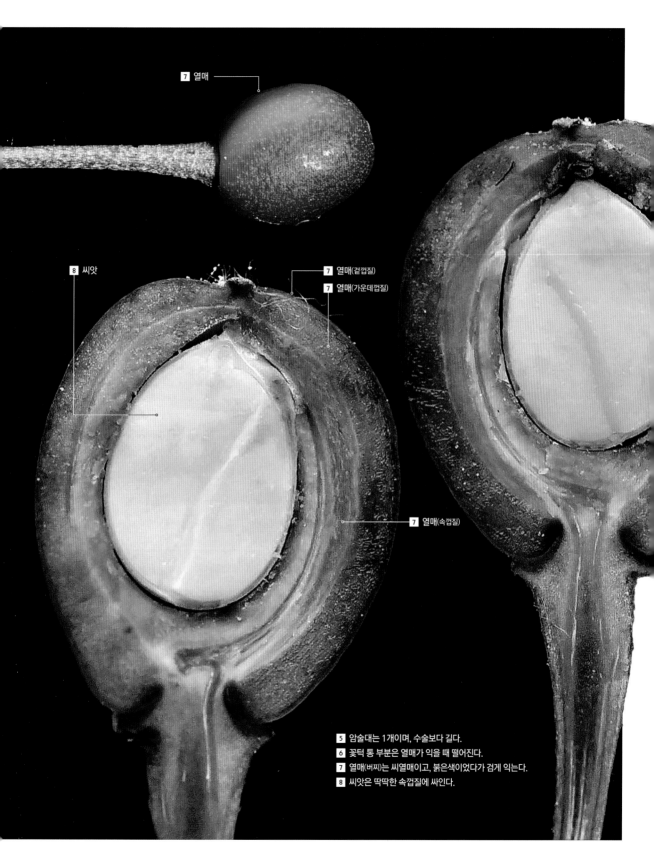

7 열매

8 씨앗

7 열매(겉껍질)

7 열매(가운데껍질)

7 열매(속껍질)

5 암술대는 1개이며, 수술보다 길다.
6 꽃턱 통 부분은 열매가 익을 때 떨어진다.
7 열매(버찌)는 씨열매이고, 붉은색이었다가 검게 익는다.
8 씨앗은 딱딱한 속껍질에 싸인다.

2 꽃잎 ──

4 수술 ──

5 암술

1 꽃차례 ──

3 꽃받침잎
6 꽃턱

장미과

앵도나무

1 꽃은 줄기에 1~2개씩 모여난다.
2 꽃잎은 5장이며, 끝이 둥글다.
3 꽃받침잎은 5장이다.
4 수술은 여러 개이며, 길이가 다양하고, 통처럼 생긴 꽃턱 안쪽에 붙는다.

7 열매

5 암술대 흔적
7 열매(겉껍질)
7 열매(가운데껍질)
7 열매(속껍질)

8 씨앗

5 암술대는 1개이고 털이 촘촘하다.
6 꽃턱 통 부분은 붉은색이고, 열매가 익을 때 떨어진다.
7 열매(앵두)는 씨열매이고, 붉은색으로 익는다.
8 씨앗은 딱딱한 속껍질에 싸인다.

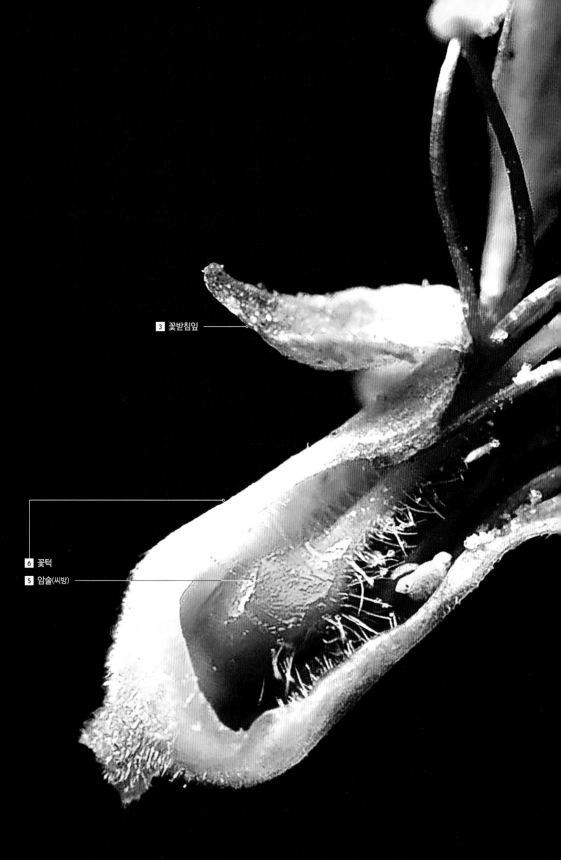

3 꽃받침잎

6 꽃턱
5 암술(씨방)

5 암술(암술대)

4 수술(수술대)

4 수술(꽃밥)

꽃 구조 살펴보기

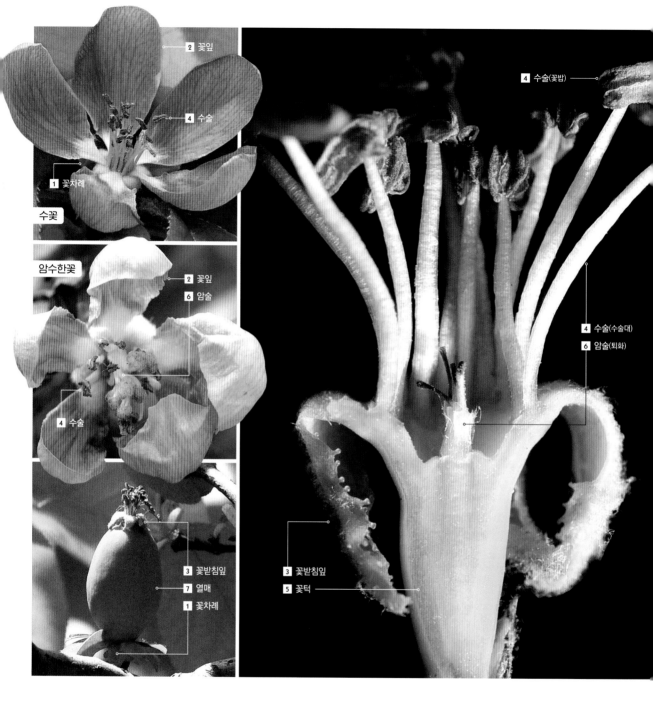

2 꽃잎

4 수술

1 꽃차례

수꽃

암수한꽃

2 꽃잎
6 암술

4 수술

4 수술(꽃밥)

4 수술(수술대)
6 암술(퇴화)

3 꽃받침잎
5 꽃턱

3 꽃받침잎
7 열매
1 꽃차례

████ 024 장미과

모과나무

1 꽃은 가지 끝에 1개씩 달린다. 꽃에 따라 수꽃과 암수한꽃이 뒤섞여 있다.
2 꽃잎은 5장이며, 끝이 둥글다.
3 꽃받침잎은 5장이며, 털이 많다.
4 5 수술은 여러 개이며, 수술대는 통처럼 생긴 꽃턱 안쪽에 붙는다.
6 씨방은 꽃턱과 붙으며, 암술대는 5개이고, 밑동이 하나로 뭉친다.
암술대 개수와 열매 속 씨방 개수가 같다.

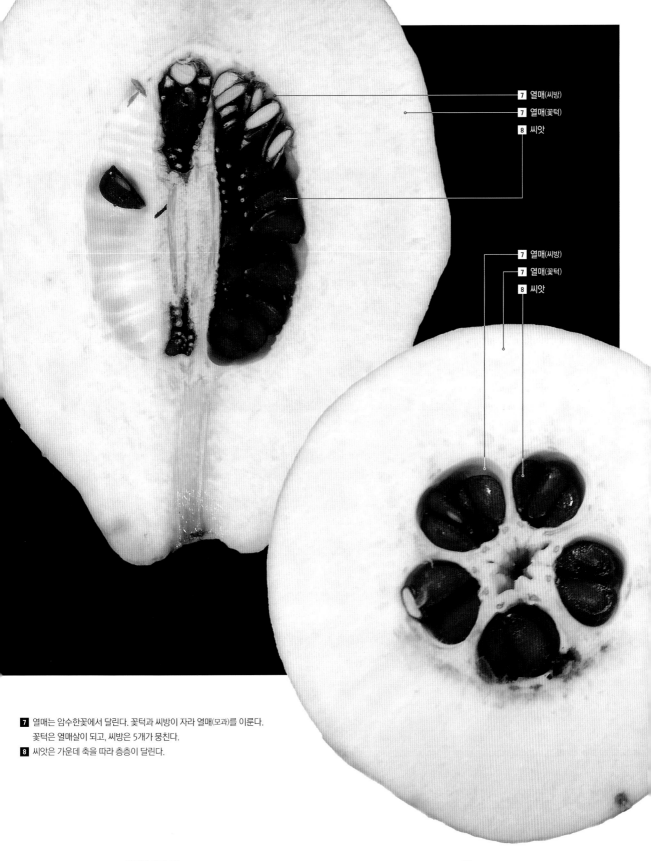

7 열매(씨방)
7 열매(꽃턱)
8 씨앗

7 열매(씨방)
7 열매(꽃턱)
8 씨앗

7 열매는 암수한꽃에서 달린다. 꽃턱과 씨방이 자라 열매(모과)를 이룬다.
　　꽃턱은 열매살이 되고, 씨방은 5개가 뭉친다.
8 씨앗은 가운데 축을 따라 층층이 달린다.

(Figure labels:)

2 꽃잎

4 수술

5 암술(암술대)

7 열매(씨방)

7 열매(꽃턱)

3 꽃받침잎

6 꽃턱

1 꽃차례

4 수술

배나무

1 꽃은 여러 송이가 가지런하게 모여난다(고른꽃차례).

2 꽃잎은 5장이며, 끝이 밋밋하다.

3 꽃받침잎은 5장이며, 뒤로 젖혀진다.

4 수술은 여러 개이며, 꽃밥과 수술대 색이 다르고, 통처럼 생긴 꽃턱 안쪽에 붙는다.

5 암술은 5개가 뭉쳐 꽃턱에 붙으며, 암술대는 5개이다.
암술대 개수와 열매 속 씨방 개수가 같다.

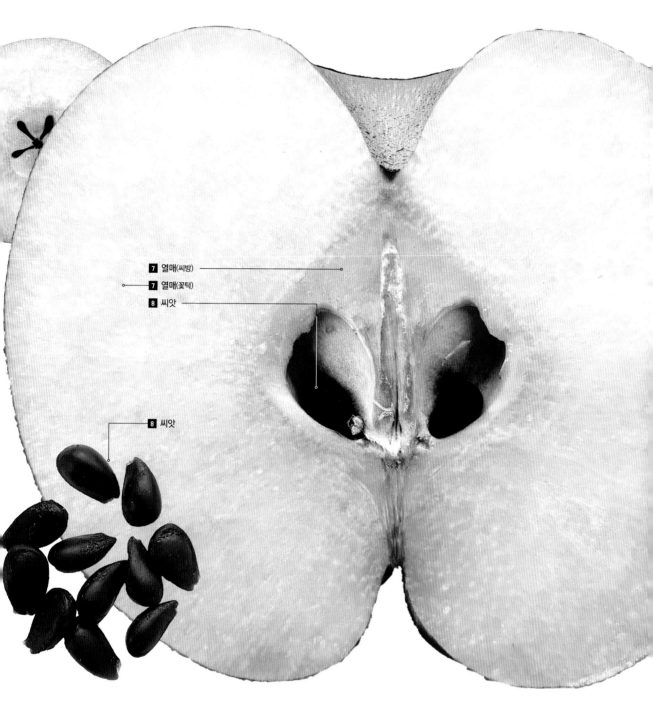

7 열매(씨방)
7 열매(꽃턱)
8 씨앗

8 씨앗

6 꽃턱은 통통하며 털이 거의 없다.
7 꽃턱과 씨방이 자라 열매(배)를 이룬다. 꽃턱은 열매살이 되고,
씨방은 5개가 뭉친다.
8 씨앗은 방마다 2개씩 들어 있다.

열매살이 까슬까슬한 배

배를 먹을 때 가루처럼 씹히는 것은 돌세포입니다.
돌세포는 배 열매살에 들어 있으며,
나무 섬유질 같은 물질에 둘러싸여 있어 단단합니다.

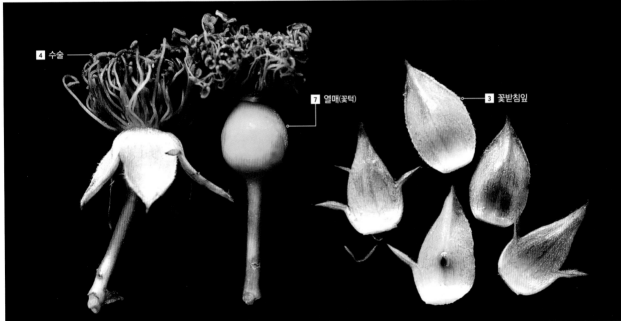

026 장미과

돌가시나무

1 꽃은 가지 끝에 1~5개가 모여난다.
2 꽃잎은 5장쯤이며, 끝이 약간 파인다.
3 꽃받침잎은 5장이며, 뾰족한 톱니가 몇 개 있다.
4 수술은 여러 개이며, 통처럼 생긴 꽃턱 입구에 붙는다.
5 암술대는 하나로 뭉치며, 꽃턱과 붙는다.

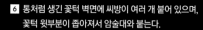

6 통처럼 생긴 꽃턱 벽면에 씨방이 여러 개 붙어 있으며,
　꽃턱 윗부분이 좁아져서 암술대와 붙는다.
7 꽃턱이 자라 열매가 된다.
8 씨방이 자라 여윈열매가 되며, 여윈열매 여러 개가 꽃턱과 뭉친 헛열매로 달린다.

4 수술
6 꽃턱
5 암술(암술대)
3 꽃받침잎
8 여윈열매 1개

비슷해서 헷갈려!

찔레꽃과 닮았지요?
그러나 돌가시나무는 찔레꽃과 달리 줄기가 바닥을 기며,
주로 바닷가 암벽 같은 바위 지대에서 자라요.
남쪽 지방으로 갈수록 많이 보여요.

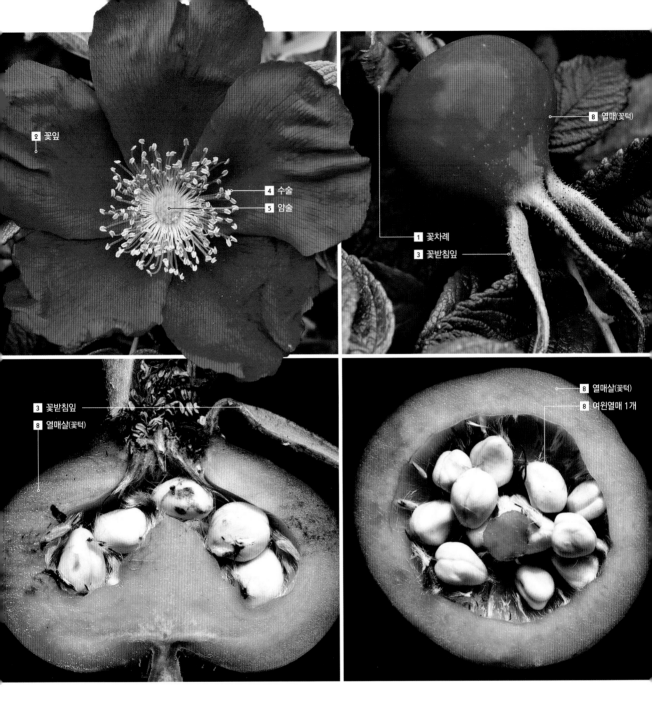

2 꽃잎

4 수술
5 암술

8 열매(꽃턱)

1 꽃차례
3 꽃받침잎

3 꽃받침잎
8 열매살(꽃턱)

8 열매살(꽃턱)
8 여윈열매 1개

027 장미과

해당화

1 꽃은 가지 끝에 1~3개가 모여난다.
2 꽃잎은 5장쯤이며, 끝이 둥글거나 약간 파인다.
3 꽃받침잎은 5장이며 길고, 털이 촘촘하다.
4 수술은 여러 개이며, 통처럼 생긴 꽃턱 입구에서 여러 겹으로 돌려난다.
5 암술대는 꽃턱 밖으로 나오고, 씨방마다 하나씩 달린다.

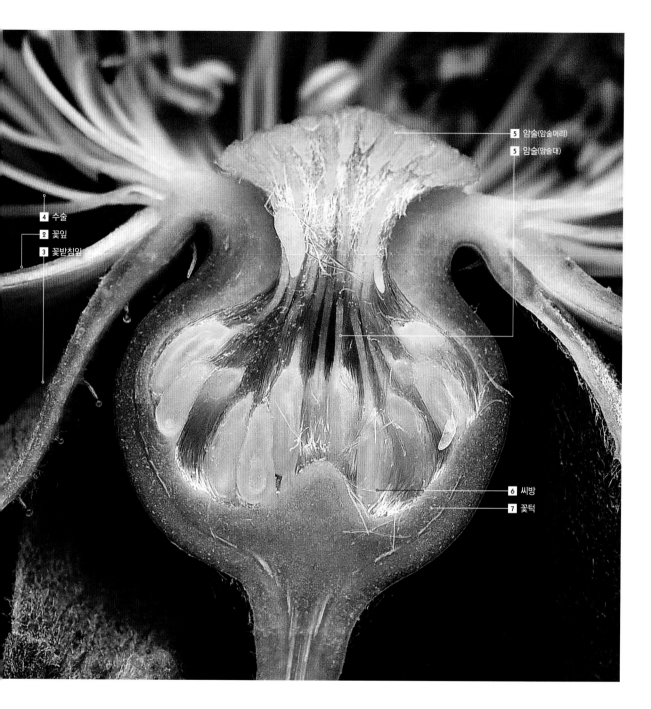

5 암술(암술머리)

5 암술(암술대)

4 수술

2 꽃잎

3 꽃받침잎

6 씨방

7 꽃턱

6 씨방은 꽃턱 벽면에 여러 개가 붙으며, 열매로 자란다.

7 통처럼 생긴 꽃턱은 아래쪽은 볼록하고 위쪽은 좁아 암술대와 거의 붙는다.

8 꽃턱과 씨방이 자라 열매를 이룬다.

　꽃턱은 열매살이 되고, 그 속에 씨방이 자라 생긴 여윈열매가 여러 개 있다.

　열매는 여윈열매 여러 개가 꽃턱과 뭉친 헛열매다.

1 꽃차례
2 꽃잎
3 꽃받침잎
5 암술
4 수술
4 수술
3 꽃받침잎
6 꽃턱
6 부푼 꽃턱

028 장미과

산딸기

1 꽃은 가지 끝에 2~6개가 달린다(고른꽃차례).
2 꽃잎은 5장이며, 꽃잎 사이가 멀다.
3 꽃받침잎은 5장이며, 뾰족하고 안쪽에 털이 많다.
4 수술은 여러 개이며, 암술 주변을 병풍처럼 둘러싼다.
5 암술은 여러 개이며, 부푼 꽃턱 위에 모여난다.
6 꽃턱은 접시처럼 납작하며, 가운데가 부풀어 있다.
7 부푼 꽃턱에 붙어 있던 씨방이 각각 작은 씨열매로 자란다.
8 작은 씨열매가 모여 마치 열매 하나처럼 보인다(모임열매).

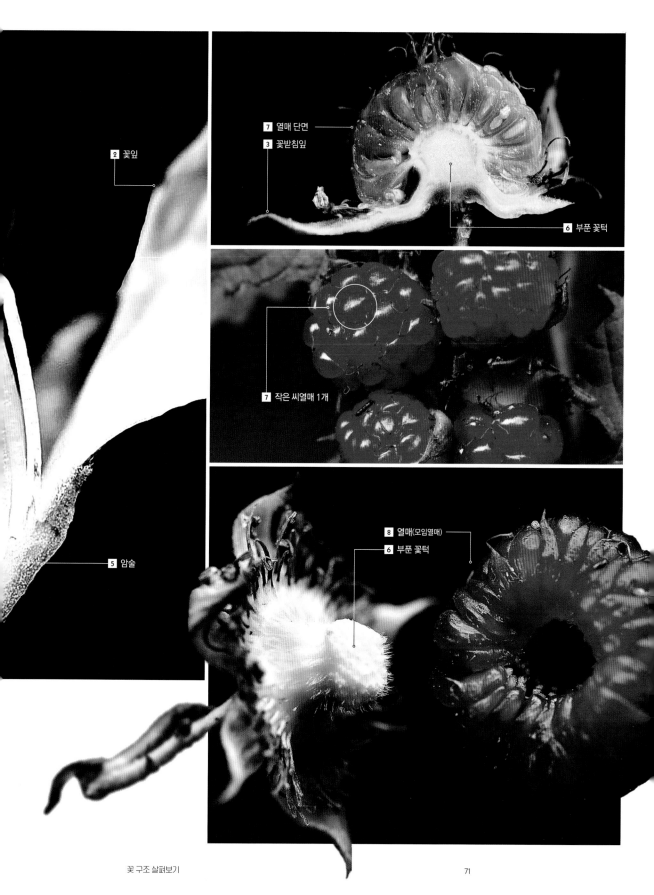

2 꽃잎

7 열매 단면

3 꽃받침잎

6 부푼 꽃턱

7 작은 씨열매 1개

5 암술

8 열매(모임열매)

6 부푼 꽃턱

3 꽃받침잎
5 암술
4 수술

8 작은 씨열매 1개
6 부푼 꽃턱
8 열매(모인열매)

3 꽃받침잎

2 꽃잎
5 암술

3 꽃받침잎
1 꽃차례
4 수술

029 장미과

멍석딸기

1 꽃은 가지 끝에 여럿이 달린다(고른꽃차례).
2 꽃잎은 5장이며, 위로 올라붙어 수술을 덮는다.
3 꽃받침잎은 5~6장이며, 끝이 뾰족하며 털이 많다.
4 수술은 여러 개이다. 다른 장미과 식물과 달리
   꽃잎이 위로 붙어 있어서 꽃잎이 떨어져 나가야 수술이 드러난다.

꽃 해부 도감

72

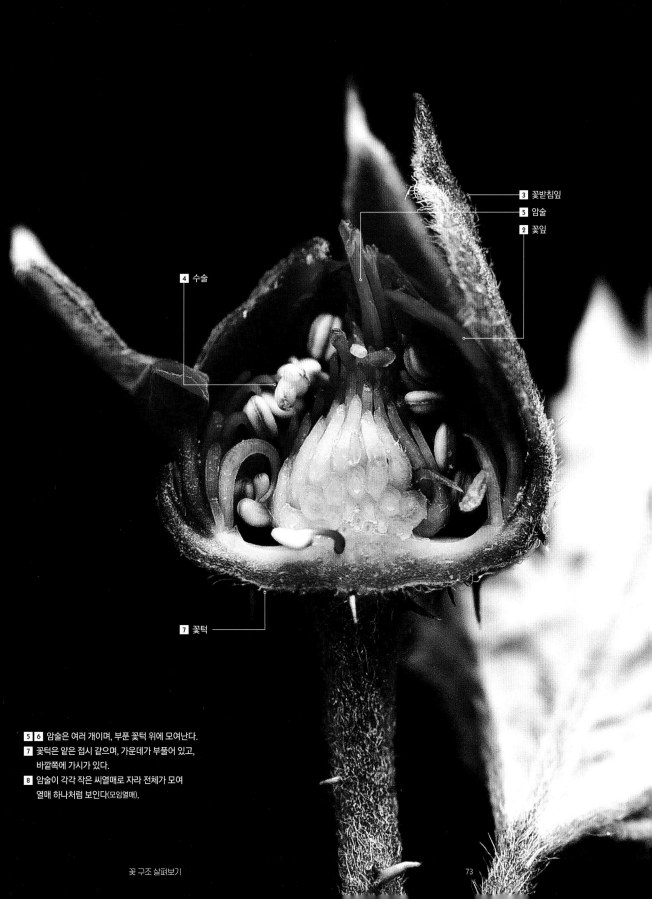

3 꽃받침잎

5 암술

2 꽃잎

4 수술

7 꽃턱

5 6 암술은 여러 개이며, 부푼 꽃턱 위에 모여난다.
7 꽃턱은 얕은 접시 같으며, 가운데가 부풀어 있고,
바깥쪽에 가시가 있다.
8 암술이 각각 작은 씨열매로 자라 전체가 모여
열매 하나처럼 보인다(모임열매).

1 꽃차례

4 수술

3 꽃받침잎

6 부푼 꽃턱

2 꽃잎

3 꽃받침잎

8 작은 씨열매 1개　　**8** 열매(모임열매)

4 수술

5 암술

장미과

줄딸기

1 꽃은 가지 끝에 1~2개씩 달린다.
2 꽃잎은 5장쯤이며, 꽃잎 사이가 살짝 멀다.
3 꽃받침잎은 5장쯤이며, 끝이 뾰족하고, 바깥쪽에 가시와 샘털이 많다.
4 수술은 여러 개이며, 암술머리 쪽으로 기울어진다.
5 6 암술은 여러 개이며, 암술대가 길고, 부푼 꽃턱 위에 모여난다.

7 꽃턱은 접시 같고, 가운데가 부풀어 있으며,
바깥쪽 면에 가시와 샘털이 많다.

8 씨방이 각각 작은 씨열매로 자라서 전체가 모여
열매 하나처럼 보인다(모임열매).

4 수술

2 꽃잎

3 꽃받침잎

7 꽃턱

5 암술(암술대)

5 암술(씨방)

6 부푼 꽃턱

1 꽃차례

7 꿀샘

3 꽃받침잎

4 수술

5 암술

2 꽃잎

4 수술

5 암술

8 열매

031 031 장미과

조팝나무

1 꽃은 줄기에 촘촘하게 달린다.
2 꽃잎은 5장이며, 끝이 둥글다.
3 꽃받침잎은 5장이며, 털이 있다.
4 수술은 20개이며, 꽃잎보다 짧다.

4 수술

3 꽃받침잎

6 꿀샘

7 꽃턱

5 암술(암술대)

5 암술(씨방)

5 암술에는 씨방이 5개 있으며, 암술대는 5개이다.
6 7 꿀샘은 컵처럼 생긴 꽃턱 위쪽에 달린다.
8 열매는 5개쯤으로 별 모양을 이루며, 끝에 암술대가 남는다.

1 꽃차례

032　장미과
국수나무

1 꽃은 줄기 끝에 수북하니 모여 달린다(고깔모양꽃차례).
2 꽃잎은 5장쯤이며, 끝이 둥글다.
3 꽃받침잎은 5장쯤이며, 털이 있다.
4 수술은 10개쯤이며, 암술 쪽으로 조금 굽었다.

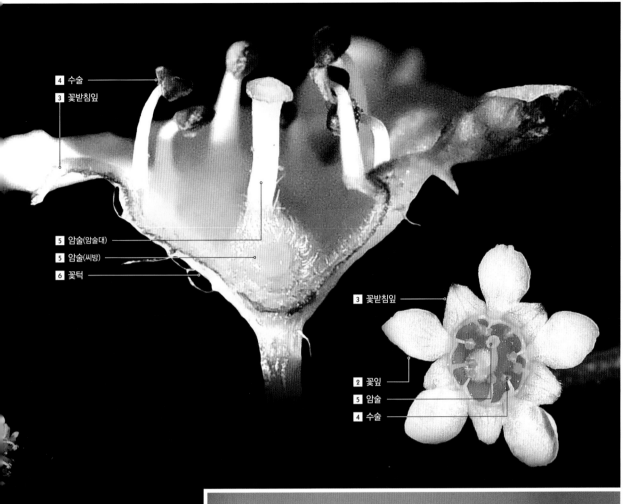

4 수술
3 꽃받침잎

5 암술(암술대)
5 암술(씨방)
6 꽃턱

3 꽃받침잎
2 꽃잎
5 암술
4 수술

왜 이런 이름이 붙었을까?

줄기 속을 빼 보면 갈색이고 수수깡처럼 폭신하며
길쭉한 것이 쑥 나오는데,
이 모양이 꼭 국수 가닥 같아요.

3 꽃받침잎

7 열매

5 암술대는 1개이며, 씨방에 털이 있다.
6 꽃턱은 컵처럼 생겼다.
7 열매는 둥글며 갈색이다.

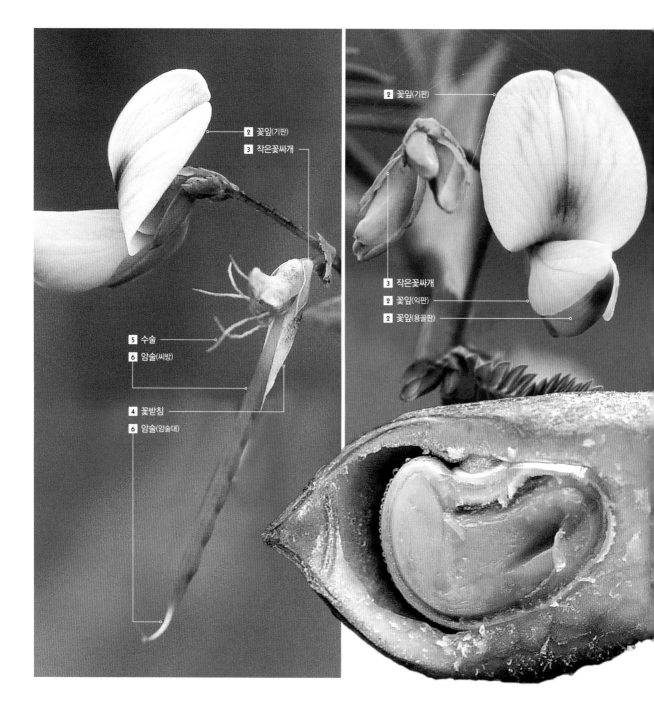

2 꽃잎(기판)

3 작은꽃싸개

2 꽃잎(기판)

3 작은꽃싸개
2 꽃잎(익판)
2 꽃잎(용골판)

5 수술
6 암술(씨방)

4 꽃받침
6 암술(암술대)

▨▨▨ 033 ▨▨▨ 콩과

자귀풀

1 꽃은 줄기 끝에 여럿이 줄지어 달린다(송이모양꽃차례).

2 꽃잎은 5장(기판1+익판2+용골판2)이다. 기판이 특히 크고,
아래쪽에 붉은 무늬가 있다. 용골판은 암술과 수술을 감싸며,
그 위를 다시 익판이 감싼다.

3 꽃싸개는 1개이다. 작은꽃싸개는 2개이며 꽃받침 바로 뒤에 붙고, 톱니가 있다.

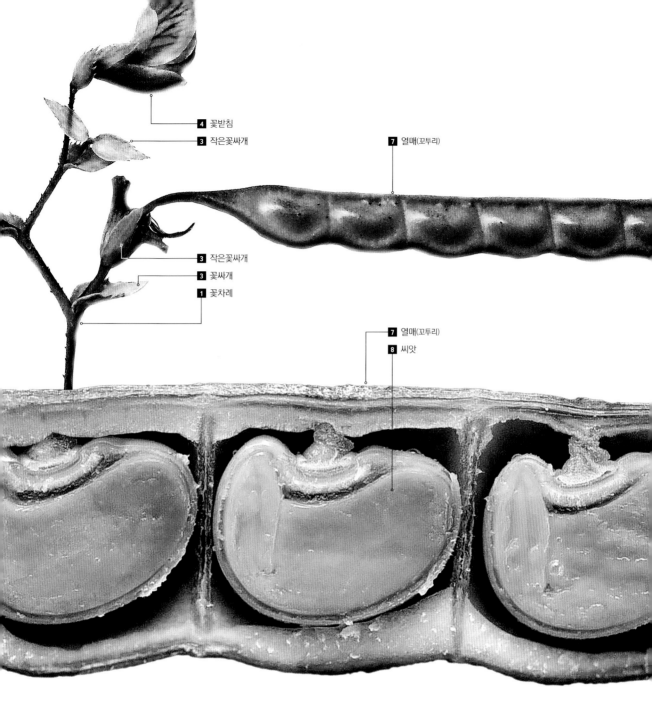

4 꽃받침

3 작은꽃싸개

7 열매(꼬투리)

3 작은꽃싸개

3 꽃싸개

1 꽃차례

7 열매(꼬투리)

8 씨앗

4 꽃받침은 위아래로 크게 갈라진다.
5 수술은 10개이며, 5개씩 두 묶음인 것이 많다.
6 암술대는 1개이다.
7 열매(꼬투리)는 납작하고 길며, 칸칸이 방이 나뉜다.
8 씨앗은 한쪽 면에서만 달린다.

콩과 특징 **①**

주로 꽃잎은 3종류(기판 1장+익판 2장+용골판 2장)가 모여
5장을 이루며, 이 가운데 2장(용골판)이 암술과 수술을 감싸요.
열매(꼬투리)는 양쪽 가장자리를 따라 벌어지며,
씨앗은 한쪽에 칸칸이 하나씩 달려요.

1 꽃차례

5 암술(암술대)
4 수술

3 꽃받침

6 열매(꼬투리)

콩과

족제비싸리

1 꽃은 줄기 끝에 아래쪽에서 위쪽 순서로 달린다(이삭꽃차례).
2 꽃잎은 기판 1장이 수술과 암술을 둥글게 감싸며, 익판과 용골판은 없다.
3 꽃받침은 꽃잎 아래를 둘러싸며 끝이 5개로 갈라진다.
4 수술은 10개이며 길어서 수술대 위쪽과 꽃밥이 꽃잎 밖으로 나온다.

5 암술이 수술보다 먼저 나온다. 암술대는 1개이며,
수술보다 먼저 꽃잎 밖으로 나온다.

6 열매(꼬투리) 겉면에 오돌토돌한 점이 많다. 다른 콩과식물과 달리
꼬투리가 벌어지지 않는다.

2 꽃잎(기판)

4 수술(꽃밥)

4 수술(수술대)

3 꽃받침

꽃 구조 살펴보기

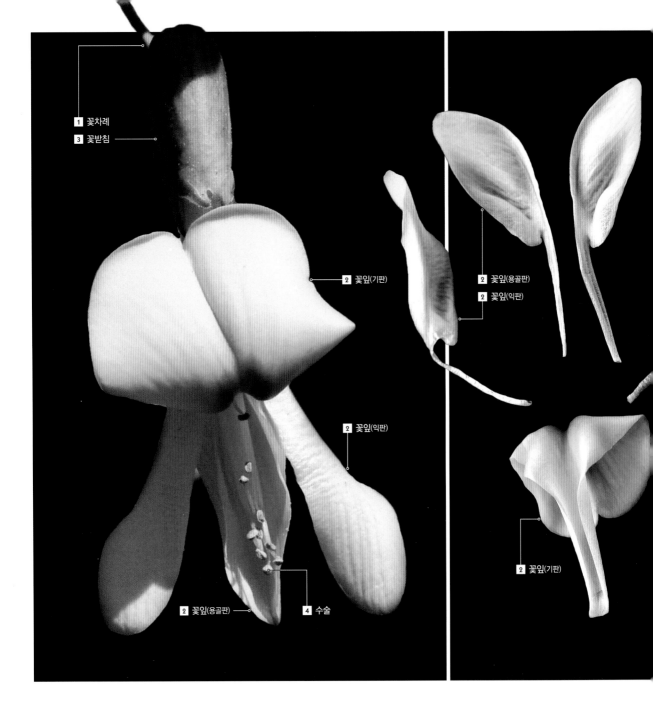

1 꽃차례
3 꽃받침

2 꽃잎(기판)

2 꽃잎(용골판)

2 꽃잎(익판)

2 꽃잎(익판)

2 꽃잎(기판)

2 꽃잎(용골판)　　**4** 수술

035 콩과

골담초

1 꽃은 잎겨드랑이에 주로 하나씩 달린다.
2 꽃잎은 5장(기판1+익판2+용골판2)이다. 기판이 넓고 뒤로 완전히 젖혀진다.
용골판은 암술과 수술을 감싸며, 익판과 더불어 밑동에 가느다란 자루가 있다.

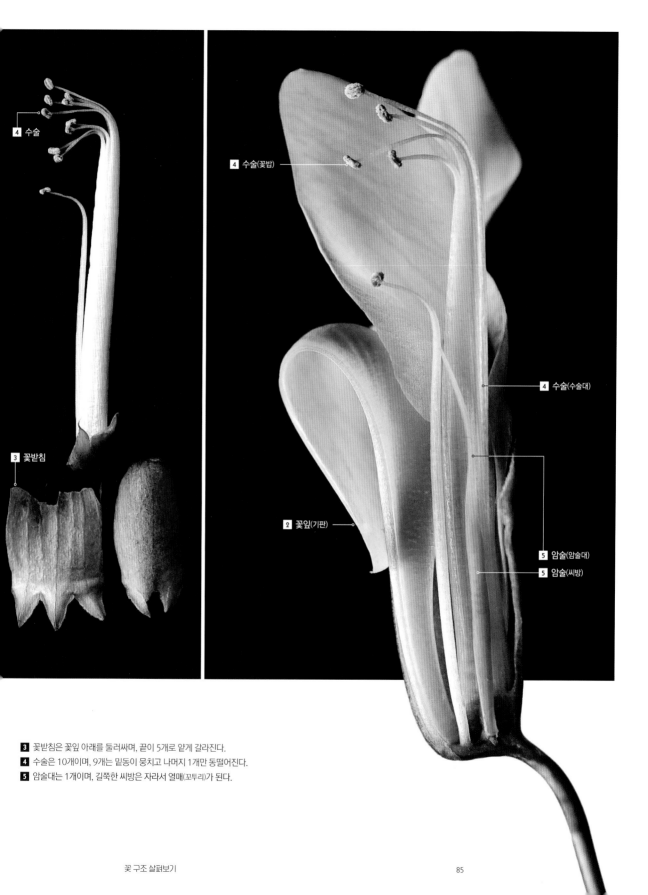

4 수술

4 수술(꽃밥)

4 수술(수술대)

3 꽃받침

2 꽃잎(기판)

5 암술(암술대)

5 암술(씨방)

3 꽃받침은 꽃잎 아래를 둘러싸며, 끝이 5개로 얕게 갈라진다.
4 수술은 10개이며, 9개는 밑동이 뭉치고 나머지 1개만 동떨어진다.
5 암술대는 1개이며, 길쭉한 씨방은 자라서 열매(꼬투리)가 된다.

2 꽃잎(익판)

2 꽃잎(기판)

2 꽃잎(용골판)

4 수술

1 꽃차례

3 꽃받침

6 열매

콩과

박태기나무

1 꽃은 줄기에 뭉쳐난다.

2 꽃잎은 5장(기판1+익판2+용골판2)이다. 기판은 익판보다 작고 안쪽에 있다.
용골판은 암술과 수술을 감싸며, 기판과 익판보다 크고,
밑동에 가느다란 자루가 있다.

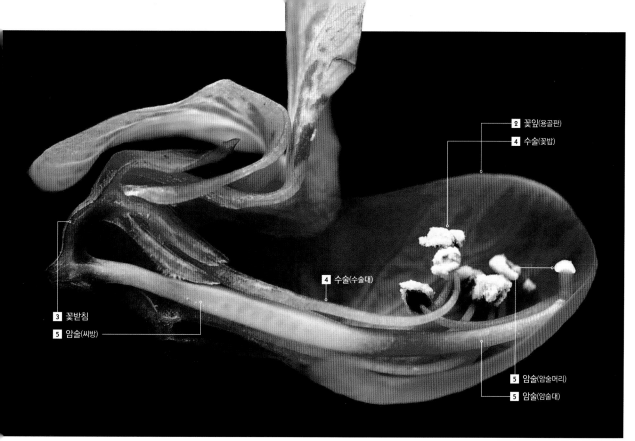

2 꽃잎(용골판)
4 수술(꽃밥)
2 꽃잎(용골판)
4 수술(수술대)
3 꽃받침
5 암술(씨방)
5 암술(암술머리)
5 암술(암술대)

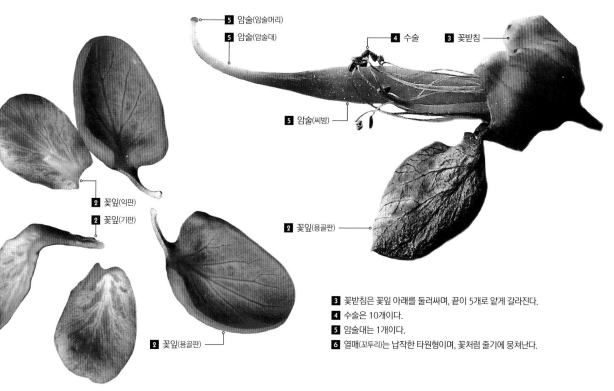

5 암술(암술머리)
5 암술(암술대)
4 수술
3 꽃받침
5 암술(씨방)
2 꽃잎(익판)
2 꽃잎(기판)
2 꽃잎(용골판)
2 꽃잎(용골판)

3 꽃받침은 꽃잎 아래를 둘러싸며, 끝이 5개로 얕게 갈라진다.
4 수술은 10개이다.
5 암술대는 1개이다.
6 열매(꼬투리)는 납작한 타원형이며, 꽃처럼 줄기에 뭉쳐난다.

2 꽃잎(기판)

4 수술
+
5 암술

3 꽃받침

2 꽃잎(기판)

3 꽃받침

2 꽃잎(익판)

2 꽃잎(용골판)

3 꽃받침

2 꽃잎(익판)

2 꽃잎(용골판)

1 꽃차례

6 열매

037 콩과

땅비싸리

1 꽃은 잎겨드랑이에 줄지어 달린다(송이모양꽃차례).

2 꽃잎은 5장(기판1+익판2+용골판2)이다. 기판은 크고, 밑동에 짙은 줄무늬가 있다.
익판과 용골판은 일찍 떨어져 나가서 나중에는 기판만 수술과 암술 덮개처럼 남는다.

3 꽃받침은 5개로 갈라진다.

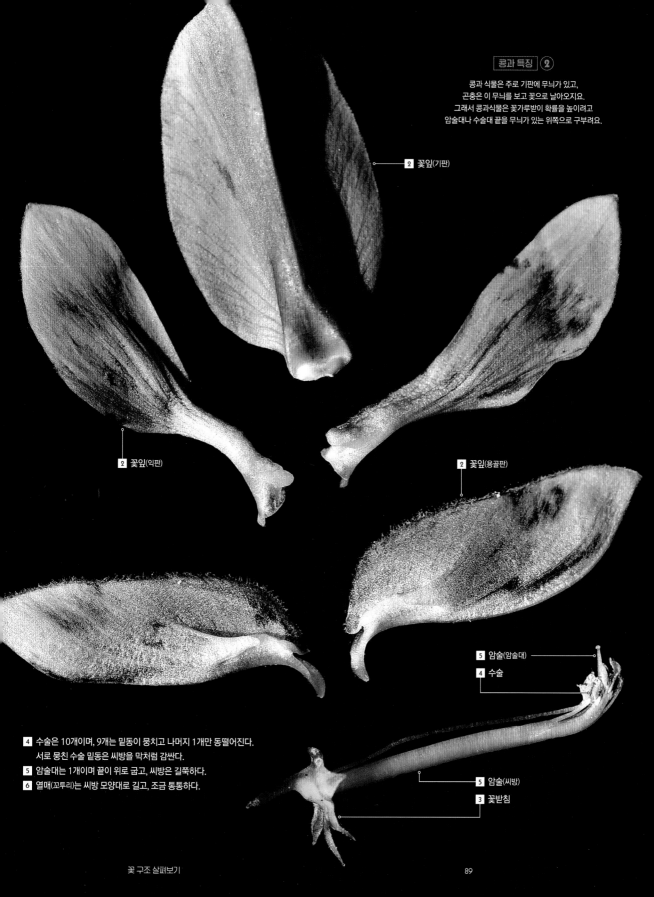

콩과 식물은 주로 기판에 무늬가 있고,
곤충은 이 무늬를 보고 꽃으로 날아오지요.
그래서 콩과식물은 꽃가루받이 확률을 높이려고
암술대나 수술대 끝을 무늬가 있는 위쪽으로 구부려요.

2 꽃잎(기판)

2 꽃잎(익판)

2 꽃잎(용골판)

5 암술(암술대)

4 수술

4 수술은 10개이며, 9개는 밑동이 뭉치고 나머지 1개만 동떨어진다.
　 서로 뭉친 수술 밑동은 씨방을 막처럼 감싼다.
5 암술대는 1개이며 끝이 위로 굽고, 씨방은 길쭉하다.
6 열매(꼬투리)는 씨방 모양대로 길고, 조금 통통하다.

5 암술(씨방)

3 꽃받침

1 꽃차례

6 열매
7 씨앗

5 암술(암술대)
6 열매

038 콩과

아까시나무

1 꽃은 잎겨드랑이에 여럿이 줄지어 달리고(송이모양꽃차례), 아래로 늘어진다.
2 꽃잎은 5장(기판1+익판2+용골판2)이다. 기판은 크고 안쪽에 연두색 무늬가 있다.
　　용골판은 암술과 수술을 감싸며, 익판과 더불어 밑동에 가늘고 긴 자루가 있다.
3 꽃받침은 꽃잎 아래를 둘러싸며, 끝이 5개로 얕게 갈라진다.

2 꽃잎(기판)

7 씨앗(밑씨)

4 수술(꽃밥)

4 수술(수술대)

5 암술(암술대)

5 암술(씨방)

3 꽃받침

2 꽃잎(기판)

2 꽃잎(익판)

3 꽃받침

2 꽃잎(용골판)

4 수술

5 암술

4 수술은 10개이며 끝이 위로 굽는다.
5 암술대는 1개이며, 끝에 털이 촘촘하고, 위로 굽는다.
6 열매(꼬투리)는 납작하고 길며, 잘록하다.
7 씨앗은 한쪽 면에만 줄지어 달린다.

2 꽃잎(기판)
2 꽃잎(익판)
3 꽃받침
1 꽃차례

5 암술(암술대)
6 열매

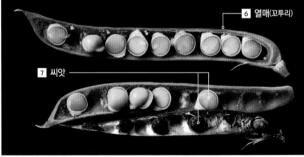

6 열매(꼬투리)
7 씨앗

039 콩과

살갈퀴

1 꽃은 잎겨드랑이에 주로 하나씩 달린다.
2 꽃잎은 5장(기판1+익판2+용골판2)이다. 기판이 무척 크고 줄무늬가 있다.
용골판은 암술과 수술을 겨우 감쌀 정도로 작으며,
익판은 용골판 위를 좌우로 덮고, 가늘고 긴 자루가 있다.
3 꽃받침은 꽃잎 아래를 둘러싸며, 끝이 5개로 깊게 갈라지고,
각 갈래는 길게 뾰족하다.

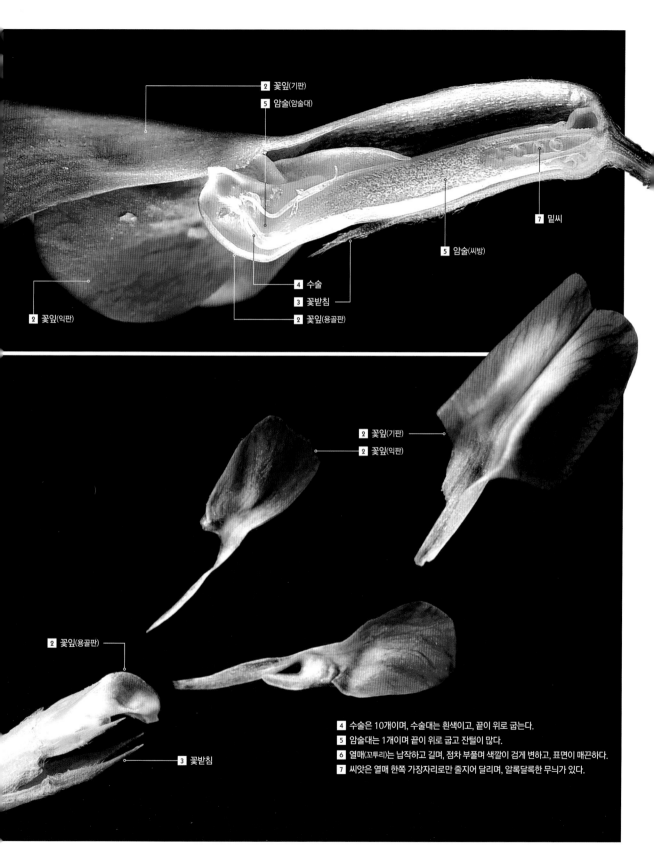

2 꽃잎(기판)

5 암술(암술대)

7 밑씨

5 암술(씨방)

4 수술

3 꽃받침

2 꽃잎(용골판)

2 꽃잎(익판)

2 꽃잎(기판)

2 꽃잎(익판)

2 꽃잎(용골판)

3 꽃받침

4 수술은 10개이며, 수술대는 흰색이고, 끝이 위로 굽는다.
5 암술대는 1개이며 끝이 위로 굽고 잔털이 많다.
6 열매(꼬투리)는 납작하고 길며, 점차 부풀며 색깔이 검게 변하고, 표면이 매끈하다.
7 씨앗은 열매 한쪽 가장자리로만 줄지어 달리며, 알록달록한 무늬가 있다.

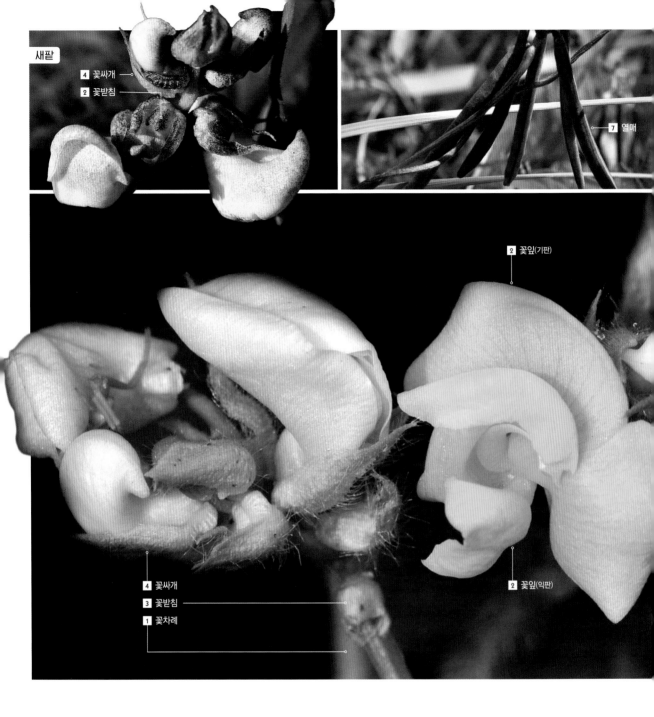

새팥

4 꽃싸개
2 꽃받침

7 열매

2 꽃잎(기판)

2 꽃잎(익판)

4 꽃싸개
3 꽃받침
1 꽃차례

040 콩과

새팥·좀돌팥

1 꽃은 잎겨드랑이에 2~5개가 줄지어 달린다(송이모양꽃차례).
2 꽃잎은 5장(기판1+익판2+용골판2)이다.
  기판은 둥글고 밑동에 뿔처럼 튀어나온 곳이 있다.
  용골판은 2장이 하나로 뭉쳐 암술과 수술을 감싸며, 꼬이듯이 휜다.
3 꽃받침은 꽃잎 아래를 둘러싸며, 끝이 얕게 갈라진다.

3 꽃받침

7 열매

4 꽃싸개

2 꽃잎(기판)

2 꽃잎(익판)

2 꽃잎(용골판)

3 꽃받침

6 암술

5 수술

4 꽃싸개는 꽃받침보다 길며 긴 털이 있고, 일찍 떨어진다.
새팥은 종돌팥과 비교하면 꽃싸개가 꽃받침보다 길다.

5 수술은 10개이며, 수술대는 실처럼 가늘고, 당긴 활시위처럼 휜다.

6 암술대는 1개이며, 당긴 활시위처럼 휜다.

7 열매(꼬투리)는 처음에는 초록색이었다가 흑갈색으로 익는다.

1 꽃차례

2 꽃잎(기판)

2 꽃잎(용골판)
2 꽃잎(익판)

4 꽃싸개

7 열매

8 씨앗

041 콩과

등

1 꽃은 꽃대에 여럿이 줄지어 달리고(송이모양꽃차례), 아래로 늘어진다.

2 꽃잎은 5장(기판1+익판2+용골판2)이다. 기판이 무척 크고, 속에 녹황색 무늬가 있다.
   용골판은 암술과 수술을 감싸며, 익판과 더불어 밑동에 가늘고 긴 자루가 있다.

3 꽃받침은 꽃잎 아래를 둘러싸며, 깊게 위아래로 갈라지고,
   각 갈래는 다시 얕게 갈라진다.

4 꽃싸개는 가늘고, 일찍 떨어진다.

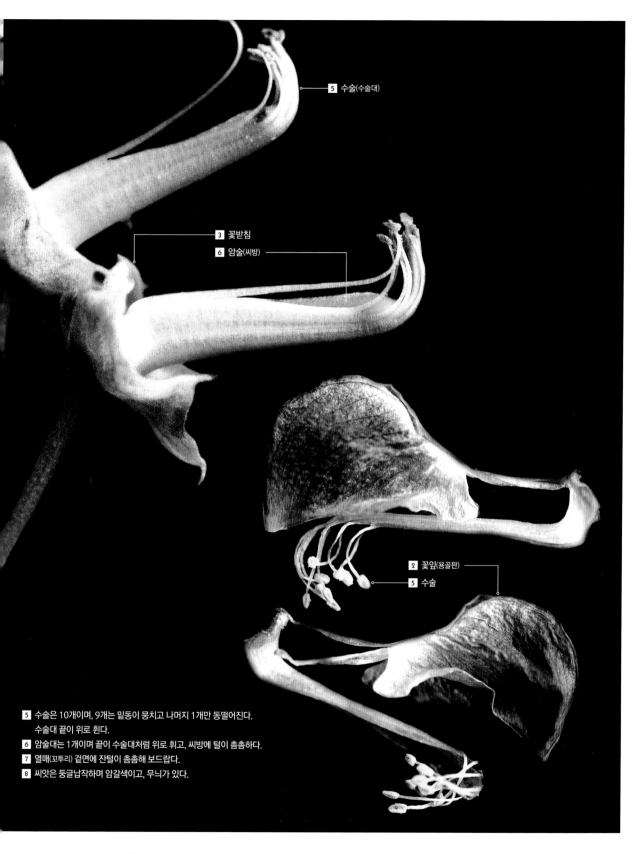

5 수술(수술대)

3 꽃받침
6 암술(씨방)

2 꽃잎(용골판)
5 수술

5 수술은 10개이며, 9개는 밑동이 뭉치고 나머지 1개만 동떨어진다.
　수술대 끝이 위로 휜다.
6 암술대는 1개이며 끝이 수술대처럼 위로 휘고, 씨방에 털이 촘촘하다.
7 열매(꼬투리) 겉면에 잔털이 촘촘해 보드랍다.
8 씨앗은 둥글납작하며 암갈색이고, 무늬가 있다.

3 꽃받침잎

2 꽃잎

5 수술(꽃밥)

5 수술(수술대)

1 꽃차례

6 암술(암술대)

7 열매

042 노박덩굴과

사철나무

1 꽃은 잎겨드랑이에 가운데에서 가장자리 순으로 달린다(고른우산살송이모양꽃차례).

2 꽃잎은 4장이며, 뒤로 약간 젖혀진다.

3 꽃받침잎은 4장이며, 끝이 둥글다.

4 꿀샘은 씨방 쪽에 있으며 4개이다. 꿀샘으로 파리가 자주 날아온다.

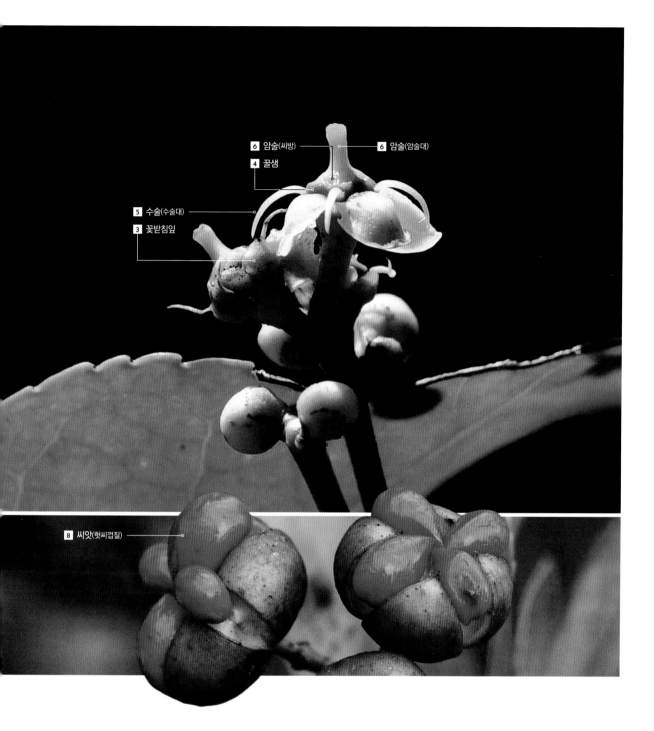

6 암술(씨방)　　6 암술(암술대)

4 꿀샘

5 수술(수술대)

3 꽃받침잎

8 씨앗(헛씨껍질)

5 수술은 4개이며, 옆으로 퍼진다.

6 암술대는 1개이며, 수술보다 짧고 굵다. 나중에 열매 위로 뾰족하니 튀어나온다.

7 열매는 황갈색에서 적갈색으로 익으며, 나중에 4개로 갈라진다.

8 씨앗은 열매 위에 꽃처럼 생기는 주황색 헛씨껍질 속에 각각 들어 있다.

꽃 구조 살펴보기

수꽃

암꽃

1 꽃차례
2 꽃잎
3 꽃받침잎
4 수술(꽃밥)

3 꽃받침잎
2 꽃잎

5 암술(암술머리)

6 열매

043 피나무과

장구밥나무

1 꽃은 잎겨드랑이에 가운데에서 가장자리 순으로 달린다(고른우산살송이모양꽃차례).
　　수꽃과 암꽃으로 나뉘지만 가끔 암수한꽃도 보인다.
2 꽃잎은 5장이며 매우 작다.
3 꽃받침잎은 꽃잎보다 훨씬 크며 5장이고 겉면에 털이 촘촘하다.
4 수술은 수북하니 많고 각각 꽃밥이 달려서 꼭 폭죽이 터지는 모양 같다.

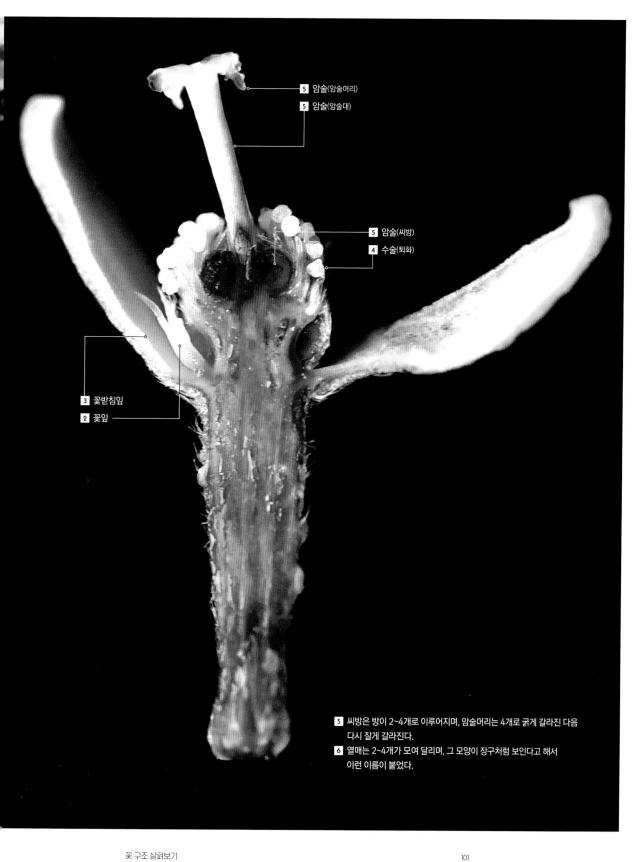

5 암술(암술머리)

5 암술(암술대)

5 암술(씨방)

4 수술(퇴화)

3 꽃받침잎

2 꽃잎

5 씨방은 방이 2~4개로 이루어지며, 암술머리는 4개로 굵게 갈라진 다음
다시 잘게 갈라진다.

6 열매는 2~4개가 모여 달리며, 그 모양이 장구처럼 보인다고 해서
이런 이름이 붙었다.

2 꽃잎

5 암술
4 수술

4 수술

5 암술(암술머리)
4 수술(수술통)

4 수술
5 암술(암술머리)

044 아욱과

무궁화

1 꽃은 새로운 가지 잎겨드랑이에 하나씩 달린다.
2 꽃잎은 5장이며, 끝이 고르지 않고, 밑동이 붉다.
3 꽃받침은 5개로 갈라지며, 바깥 꽃받침보다 크다.
　　바깥 꽃받침도 5개로 갈라지며 제법 가늘고 길다.
4 수술은 여러 개이며, 수술대 밑동이 하나로 뭉쳐 수술통을 이루면서
　　암술대를 감싼다.

6 열매
3 꽃받침
3 꽃받침(바깥 꽃받침)

6 열매

7 씨앗

1 꽃차례

3 꽃받침

5 암술대는 수술통 밖으로 나오고, 암술머리가 5개로 갈라지며, 각 갈래 끝에는 털이 촘촘하다. 씨방은 5개 방으로 이루어진다.
6 씨방이 자라 생긴 열매는 끝이 뾰족하고, 나중에 5개로 벌어진다.
7 씨앗은 납작하며, 가장자리를 따라 기다란 털이 촘촘하다.

1 꽃차례

2 꽃잎(위쪽 꽃잎)

2 꽃잎(옆쪽 꽃잎)

2 꽃잎(아래쪽 꽃잎)

2 꽃잎(위쪽 꽃잎)

3 꿀샘주머니

2 꽃잎(옆쪽 꽃잎)

2 꽃잎(아래쪽 꽃잎)

045 제비꽃과

남산제비꽃

1 꽃은 꽃대 끝에 1개씩 달린다.

2 꽃잎은 5장이다(위쪽 꽃잎2+옆쪽 꽃잎2+아래쪽 꽃잎1). 옆쪽 꽃잎 밑동에 털이 많고, 아래쪽 꽃잎에는 보라색 줄무늬와 더불어 뒤쪽에 꿀샘주머니가 있다.

3 꿀샘주머니 길이는 아래쪽 꽃잎 길이의 1/2쯤이며, 끝이 둥글다.

4 꿀샘은 2개이며, 아래쪽 수술대와 이어지고, 꿀샘주머니와 같은 방향으로 길게 튀어나온다.

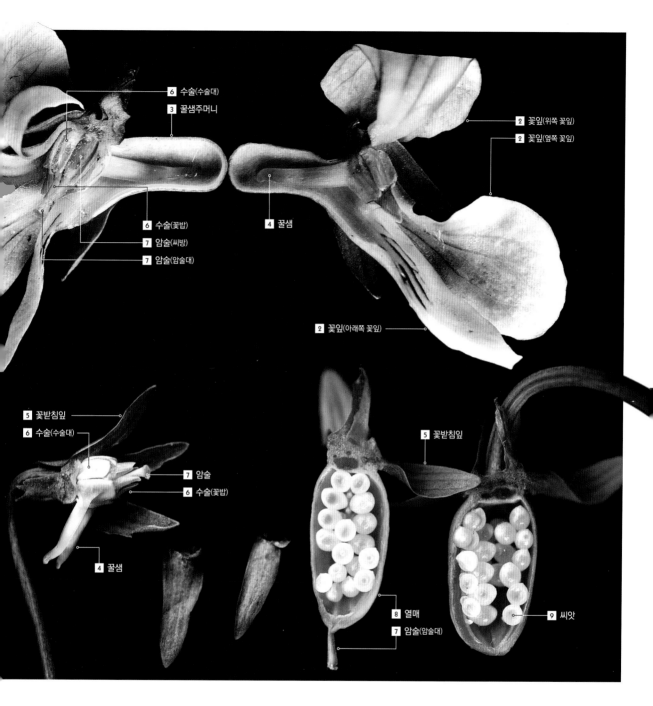

6 수술(수술대)

3 꿀샘주머니

2 꽃잎(위쪽 꽃잎)

2 꽃잎(옆쪽 꽃잎)

6 수술(꽃밥)

7 암술(씨방)

7 암술(암술대)

4 꿀샘

2 꽃잎(아래쪽 꽃잎)

5 꽃받침잎

6 수술(수술대)

5 꽃받침잎

7 암술

6 수술(꽃밥)

4 꿀샘

8 열매

7 암술(암술대)

9 씨앗

5 꽃받침잎은 5개이다.
6 수술은 5개이며, 수술대와 꽃밥은 각각 씨방과 암술대를 바짝 감싼다.
7 씨방은 방 1개로 이루어지며, 암술대는 1개이다. 밑씨는 씨방 안쪽 벽면에 붙는다.
8 열매 끄트머리에는 암술대 흔적이 있고, 열매가 다 자라면 3쪽으로 갈라진다.
9 씨앗은 갈색으로 익고 열매 벽면에 줄지어 붙는다.

제비꽃과 특징 **①**

꽃잎에 있는 줄무늬는 곤충을 꿀샘주머니로 안내하는 신호등이에요.
꿀샘주머니 입구에 수술과 암술이 있는 제비꽃과 식물이
꽃가루받이 성공률을 높이려고 만든 것이지요.
저마다 꽃 색깔과 줄무늬, 꿀샘주머니 길이는 달라서 이 점으로 종을 구별할 수도 있어요.
또 다른 전략으로 수술과 암술 주변에 털이 촘촘히 있는 꽃도 있어요.

046 제비꽃과

흰들제비꽃

1 꽃차례

2 꽃잎(위쪽 꽃잎)

2 꽃잎(옆쪽 꽃잎)

2 꽃잎(아래쪽 꽃잎)

1 꽃은 꽃대 끝에 1개씩 달린다.

2 꽃잎은 5장(위쪽 꽃잎2+옆쪽 꽃잎2+아래쪽 꽃잎1)이다.
옆쪽 꽃잎 밑동에 털이 많고, 아래쪽 꽃잎과 옆쪽 꽃잎에 보라색 줄무늬가 있다.
아래쪽 꽃잎 뒤쪽에 꿀샘주머니가 있다.

3 꿀샘주머니 길이는 아래쪽 꽃잎 길이의 1/3쯤이며, 끝이 둥글다.

2 꽃잎(위쪽 꽃잎)

2 꽃잎(위쪽 꽃잎)

3 꿀샘주머니

5 꽃받침잎

3 꿀샘주머니

2 꽃잎(옆쪽 꽃잎)

2 꽃잎(아래쪽 꽃잎)

2 꽃잎(옆쪽 꽃잎)

2 꽃잎(아래쪽 꽃잎)

4 꿀샘은 2개이며, 아래쪽 수술대와 이어지고, 꿀샘주머니 중간까지
　 비스듬히 늘어난다.

5 꽃받침잎은 5장이다.

6 수술은 5개이며, 수술대와 꽃밥은 각각 씨방과 암술대를 바짝 감싼다.

7 씨방은 방 1개로 이루어지며, 암술대는 1개이다. 밑씨는 씨방 안쪽 벽면에 붙는다.

2 꽃잎(위쪽 꽃잎)

5 꽃받침잎
7 씨앗(밑씨)

3 꿀샘주머니

2 꽃잎(옆쪽 꽃잎)

7 암술(씨방)
7 암술(암술대)

2 꽃잎(아래쪽 꽃잎)

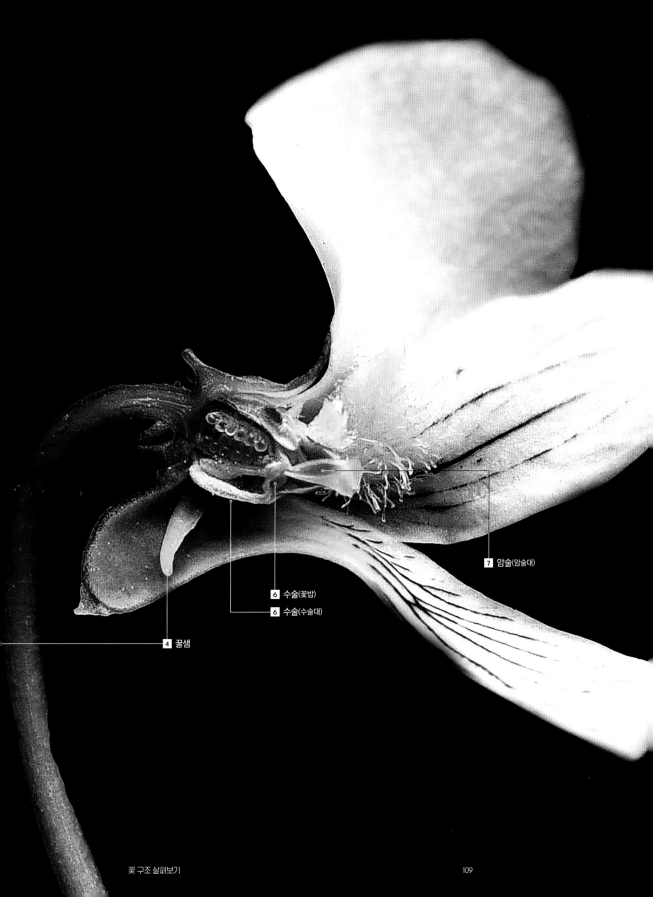

7 암술(암술대)

6 수술(꽃밥)

6 수술(수술대)

4 꿀샘

2 꽃잎(위쪽 꽃잎)

2 꽃잎(위쪽 꽃잎)

3 꿀샘주머니

2 꽃잎(옆쪽 꽃잎)

2 꽃잎(아래쪽 꽃잎)

2 꽃잎(옆쪽 꽃잎)

2 꽃잎(아래쪽 꽃잎)

8 열매

9 씨앗

1 꽃은 꽃대 끝에 1개씩 달린다.

2 꽃잎은 5장이다(위쪽 꽃잎2+옆쪽 꽃잎2+아래쪽 꽃잎1). 옆쪽 꽃잎 밑동에 털이 많고,
아래쪽 꽃잎에는 보라색 줄무늬와 더불어 뒤쪽에 꿀샘주머니가 있다.

3 꿀샘주머니 길이는 아래쪽 꽃잎 길이의 1/3쯤이며, 끝이 둥글다.

4 꿀샘은 2개이며, 아래쪽 수술대와 이어지고, 꿀샘주머니와 나란하게
2/3지점까지 늘어난다.

5 꽃받침잎은 5장이다.

6 수술은 5개이며, 수술대와 꽃밥은 각각 씨방과 암술대를 바짝 감싼다.

7 씨방은 방 1개로 이루어지며, 암술대는 1개이다. 밑씨는 씨방 안쪽 벽면에 붙는다.

8 열매 끄트머리에는 암술대가 남아 있고, 열매가 다 자라면 3쪽으로 갈라진다.

9 씨앗은 갈색으로 익고 열매 벽면에 줄지어 붙는다.

047 제비꽃과

흰젖제비꽃

2 꽃잎(위쪽 꽃잎)

1 꽃차례

3 꿀샘주머니

5 꽃받침잎

2 꽃잎(옆쪽 꽃잎)

2 꽃잎(아래쪽 꽃잎)

7 암술(씨방)

6 수술(꽃밥)

2 꽃잎(위쪽 꽃잎)

9 씨앗(밑씨)

7 암술(암술대)

2 꽃잎(옆쪽 꽃잎)

2 꽃잎(아래쪽 꽃잎)

3 꿀샘주머니

4 꿀샘

2 꽃잎(위쪽 꽃잎)

2 꽃잎(위쪽 꽃잎)　　**2** 꽃잎(옆쪽 꽃잎)

2 꽃잎(옆쪽 꽃잎)

2 꽃잎(아래쪽 꽃잎)

1 꽃차례

3 꿀샘주머니

4 꿀샘

8 암술(씨방)

5 꽃받침잎

7 수술(수술대)

4 꿀샘

5 꽃받침잎

2 꽃잎(아래쪽 꽃잎)

7 수술(꽃밥)

8 암술(암술대)

3 꿀샘주머니

5 꽃받침잎

제비꽃과

제비꽃

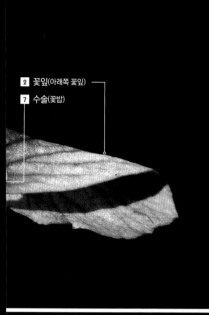

2 꽃잎(아래쪽 꽃잎)
7 수술(꽃밥)

2 꽃잎(옆쪽 꽃잎)

2 꽃잎(위쪽 꽃잎)

9 열매

5 꽃받침잎

6 꽃싸개

8 암술(암술대)

9 열매

1 꽃은 꽃대 끝에 1개씩 달린다.

2 꽃잎은 5장(위쪽 꽃잎2+옆쪽 꽃잎2+아래쪽 꽃잎1)이며, 보라색 줄무늬가 있다.
옆쪽 꽃잎 밑동에 털이 있고, 아래쪽 꽃잎 밑동 뒤쪽으로 꿀샘주머니가 있다.

3 꿀샘주머니 길이는 아래쪽 꽃잎 길이의 1/2~2/3이며, 끝이 둥글다.

4 꿀샘은 2개이며, 아래쪽 수술대와 이어지고, 꿀샘주머니 뒤쪽까지 길게 늘어난다.

5 꽃받침잎은 5장이다.

6 꽃싸개는 2개이며, 길쭉하고, 꽃대 한가운데에 난다.

7 수술은 5개이며, 수술대와 꽃밥은 각각 씨방과 암술대를 바짝 감싼다.

8 씨방은 방 1개로 이루어지며, 암술대는 1개이다.

9 열매는 조금 긴 달걀 모양이다.

꽃 구조 살펴보기

2 꽃잎(위쪽 꽃잎)

5 꽃받침잎

2 꽃잎(옆쪽 꽃잎)

2 꽃잎(아래쪽 꽃잎)

2 꽃잎(위쪽 꽃잎)

3 꿀샘주머니

049 제비꽃과

종지나물

1 꽃은 꽃대 끝에 1개씩 달린다.

2 꽃잎은 5장(위쪽 꽃잎2+옆쪽 꽃잎2+아래쪽 꽃잎1)이다. 모든 꽃잎에 파란색 줄무늬가 뚜렷하고 밑동은 황록색이다. 옆쪽 꽃잎 밑동에 긴 털이 촘촘하고, 아래쪽 꽃잎 밑동 뒤쪽으로 꿀샘주머니가 있다.

3 꿀샘주머니는 매우 짧으며, 끝이 둥글다.

4 꿀샘은 2개이며 아래쪽 수술대와 이어진다. 꿀샘주머니와 나란하게 1/2지점까지 늘어지고, 납작하면서 끝이 둥글다.

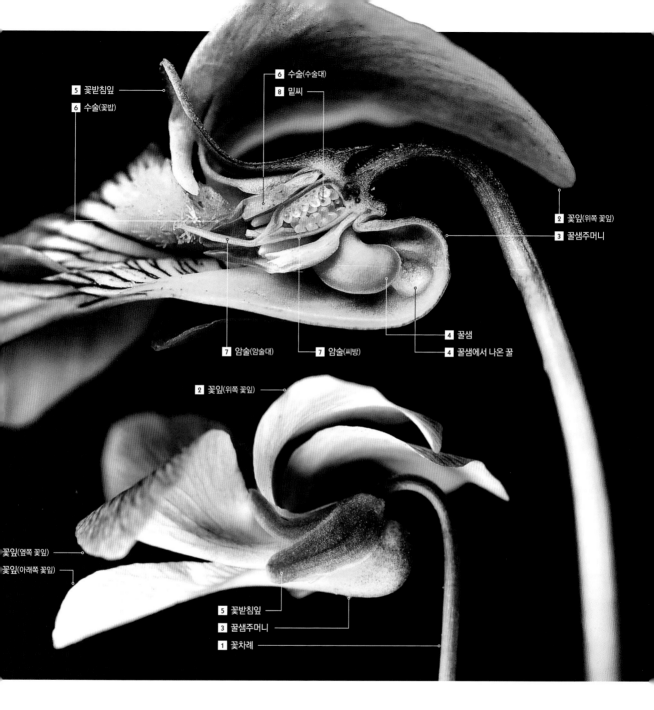

5 꽃받침잎

6 수술(꽃밥)

6 수술(수술대)

8 밑씨

2 꽃잎(위쪽 꽃잎)

3 꿀샘주머니

7 암술(암술대)

7 암술(씨방)

4 꿀샘

4 꿀샘에서 나온 꿀

2 꽃잎(위쪽 꽃잎)

꽃잎(옆쪽 꽃잎)

꽃잎(아래쪽 꽃잎)

5 꽃받침잎

3 꿀샘주머니

1 꽃차례

5 꽃받침잎은 5장이다.

6 수술은 5개이며, 수술대와 꽃밥은 각각 씨방과 암술대를 바짝 감싼다.

7 씨방은 방 1개로 이루어지며, 암술대는 1개이다.

8 밑씨는 씨방 안쪽 벽면에 붙는다.

제비꽃과 특징 **②**

원래 다른 꽃에서는 꿀샘주머니가 있는 꽃잎이 가장 위쪽에 있지만,
제비꽃과는 꽃줄기가 굽어 있어서 위아래가 바뀌어요.

5 꽃받침잎
1 꽃차례
3 꿀샘주머니
2 꽃잎(옆쪽 꽃잎)
2 꽃잎(위쪽 꽃잎)
2 꽃잎(아래쪽 꽃잎)

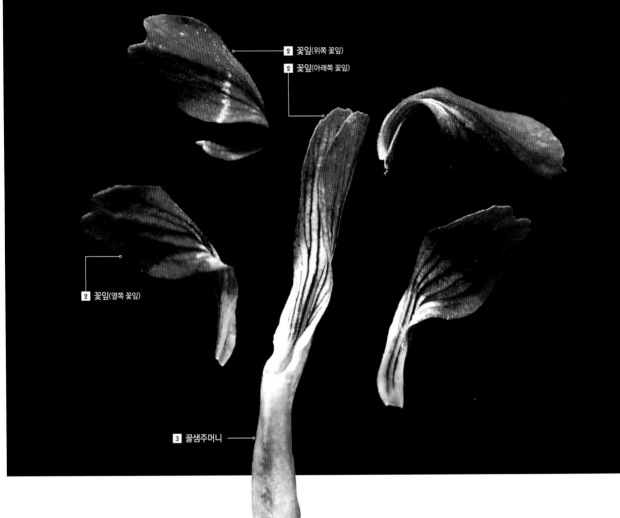

2 꽃잎(위쪽 꽃잎)

2 꽃잎(아래쪽 꽃잎)

2 꽃잎(옆쪽 꽃잎)

3 꿀샘주머니

■■■050 제비꽃과
알록제비꽃

1 꽃은 꽃대 끝에 1개씩 달린다.
2 꽃잎은 5장(위쪽 꽃잎2+옆쪽 꽃잎2+아래쪽 꽃잎1)이다.
옆쪽 꽃잎과 아래쪽 꽃잎 밑동이 흰색이고, 보라색 줄무늬가 있다.
또한 아래쪽 꽃잎 밑동 뒤쪽으로 꿀샘주머니가 있다.
3 꿀샘주머니는 아래쪽 꽃잎 길이와 거의 비슷하다.

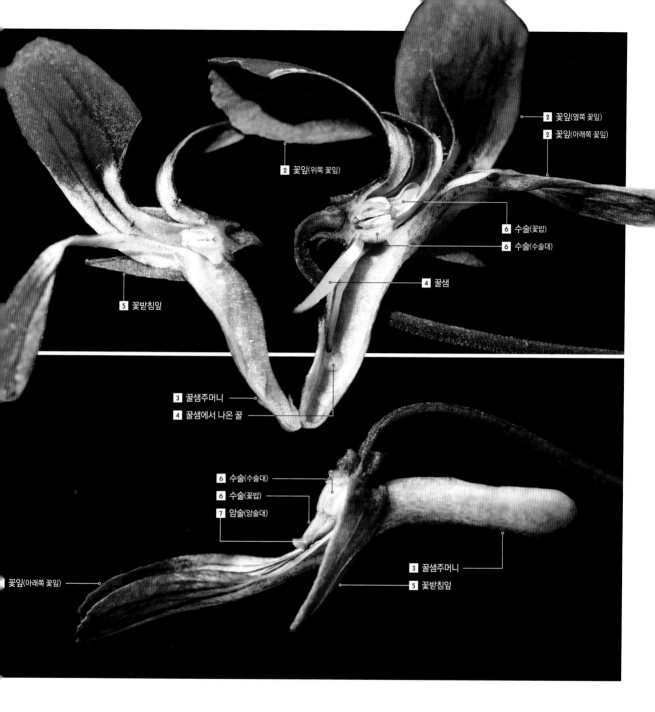

2 꽃잎(옆쪽 꽃잎)

2 꽃잎(아래쪽 꽃잎)

2 꽃잎(위쪽 꽃잎)

6 수술(꽃밥)

6 수술(수술대)

4 꿀샘

5 꽃받침잎

3 꿀샘주머니

4 꿀샘에서 나온 꿀

6 수술(수술대)

6 수술(꽃밥)

7 암술(암술대)

3 꿀샘주머니

꽃잎(아래쪽 꽃잎)

5 꽃받침잎

4 꿀샘은 2개이며, 아래쪽 수술대와 이어지고, 꿀샘주머니와 나란하게
2/3 지점까지 늘어진다.

5 꽃받침잎은 5장이다.

6 수술은 5개이며, 수술대와 꽃밥은 각각 씨방과 암술대를 바짝 감싼다.

7 씨방은 방 1개로 이루어지며, 암술대는 1개이다.

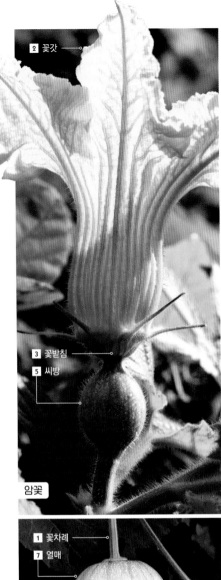

2 꽃갓

3 꽃받침

5 씨방

암꽃

1 꽃차례

7 열매

수꽃

2 꽃갓

3 꽃받침

1 꽃차례

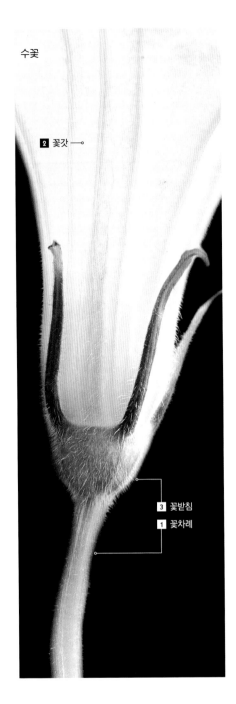

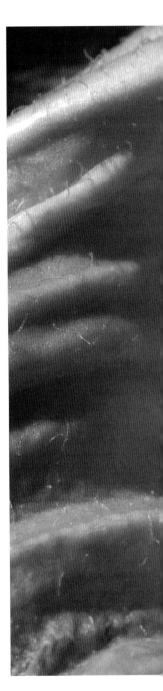

051 박과

호박

1 꽃은 잎겨드랑이에 1개씩 달린다. 암꽃과 수꽃이 나뉜다.

2 꽃갓은 끝이 5개로 갈라진다.

3 꽃받침은 밑동이 통 같고, 그 위에서 가늘게 4개로 갈라지며, 긴 털이 촘촘하다.

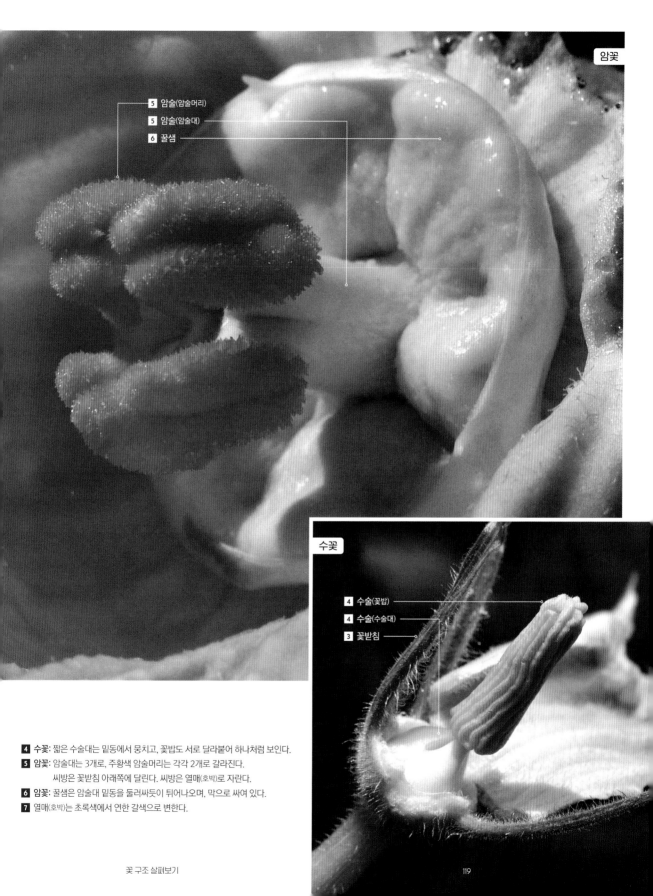

암꽃

5 암술(암술머리)
5 암술(암술대)
6 꿀샘

수꽃

4 수술(꽃밥)
4 수술(수술대)
3 꽃받침

4 **수꽃**: 짧은 수술대는 밑동에서 뭉치고, 꽃밥도 서로 달라붙어 하나처럼 보인다.
5 **암꽃**: 암술대는 3개로, 주황색 암술머리는 각각 2개로 갈라진다.
 씨방은 꽃받침 아래쪽에 달린다. 씨방은 열매(호박)로 자란다.
6 **암꽃**: 꿀샘은 암술대 밑동을 둘러싸듯이 튀어나오며, 막으로 싸여 있다.
7 **열매**(호박)는 초록색에서 연한 갈색으로 변한다.

4 수술(안쪽)
4 수술(바깥쪽)
3 꽃받침
5 암술(암술대)
2 꽃잎
1 꽃차례

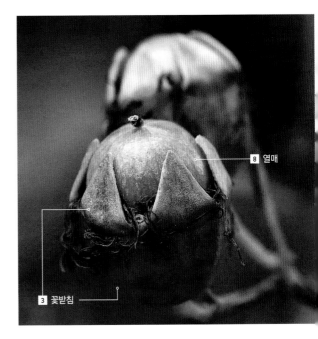

8 열매
3 꽃받침

9 씨앗

8 열매
3 꽃받침

052 부처꽃과

배롱나무

1 꽃은 가지 끝에서 소복하니 모여 달린다(고깔모양꽃차례).
2 꽃잎은 6장이고, 위쪽은 꼭 파마한 것처럼 주름지고 밑동은 실처럼 가늘다.
3 꽃받침은 아래는 통 같고, 위쪽은 6개로 갈라진다.
4 수술은 안쪽과 바깥쪽 생김새와 개수가 다르다. 바깥쪽에는 6개가 있으며, 안쪽 수술보다 길고 안으로 굽는다.

5 암술(암술대)

4 수술(안쪽)
4 수술(가장자리)

5 암술(씨방)
3 꽃받침

5 씨방은 둥글며, 방이 6개 있다.
6 씨방마다 밑씨가 여러 개 들어 있다.
7 꽃싸개는 서로 마주 난다.
8 열매는 나중에 6개로 갈라진다.
9 씨앗에 날개가 있다.

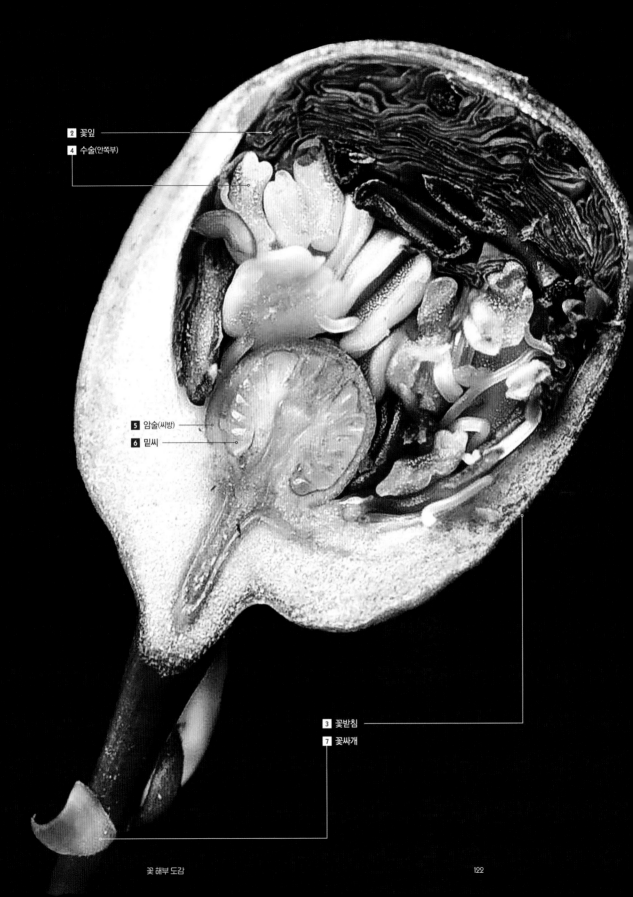

2 꽃잎

4 수술(안쪽부)

5 암술(씨방)

6 밑씨

3 꽃받침

7 꽃싸개

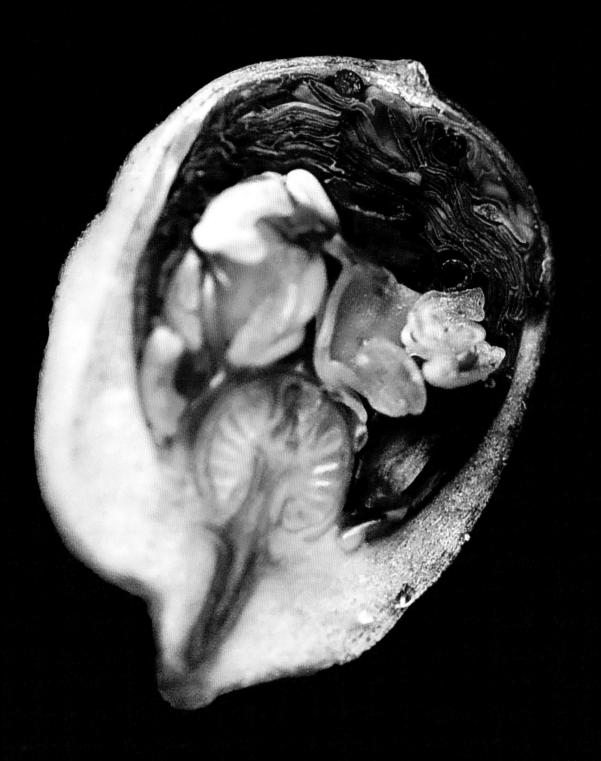

1 꽃차례

2 꽃잎

4 수술

2 꽃잎
5 암술
4 수술

3 꽃받침

1 꽃차례

053

부처꽃과

털부처꽃

1 꽃은 잎겨드랑이에 1~2개쯤 달린다.

2 꽃잎은 6장이다.

3 꽃받침은 길쭉한 통 같다. 세로로 홈이 여러 개 있으며, 털이 있고, 끝이 6개로 갈라진다.

4 수술(꽃밥)

5 암술(암술대)

5 암술(씨방)

3 꽃받침

4 수술(수술대)

4 수술은 12개이며, 6개씩 길이가 다른 두 모둠을 이룬다.
　바깥쪽 모둠은 길게 밖으로 나오고, 끝이 약간 위로 굽는다.
5 암술대는 1개이며, 암술대 길이는 꽃마다 다르다.

5 암술(암술머리)

2 꽃잎

4 수술(꽃밥)

6 꽃턱이 떨어진 자리

7 열매

6 꽃턱이 떨어진 자리

7 열매

8 씨앗

1 꽃차례

바늘꽃과

달맞이꽃

1 꽃은 잎겨드랑이에 하나씩 달리거나 줄기 끝에서 여럿이 줄지어 달린다(송이모양꽃차례).

2 꽃잎은 4장이며, 각각 가운데가 파인다.

3 꽃받침잎은 4장이며, 꽃이 필 때 아래로 처진다.

4 수술은 8개이며, 수술대와 꽃밥이 모두 꽃잎과 같은 노란색이다.

5 암술

4 수술

2 꽃잎

3 꽃받침잎

1 꽃받침잎

6 꽃턱

7 암술(씨방)

5 암술대는 1개이며, 암술머리가 4개로 갈라진다. 암술대와 수술대 길이가 비슷하다.
6 통처럼 생긴 꽃턱은 씨방 위로 길게 늘어나며, 털이 많고, 열매가 익을 때 떨어진다.
7 열매에는 홈이 여럿 있고 털이 촘촘하다.
8 씨앗은 여러 개이며, 가운데 축에 붙는다.

꽃 속에 담긴 비밀 규칙 **2**

꽃을 이루는 요소가 4~5개 또는 그 배수이면 쌍떡잎식물,
3개 또는 그 배수이면 외떡잎식물일 때가 많아요.

2 꽃잎
5 암술(암술머리)

1 꽃차례

2 꽃잎
3 꽃받침잎

055   바늘꽃과
큰달맞이꽃

1 꽃은 잎겨드랑이에 1개씩 달리거나 줄기 끝에서 여럿이
   줄지어 달린다(송이모양꽃차례). 달맞이꽃보다 꽃이 크다.
2 꽃잎은 4장이며, 각각 가운데가 파인다.
3 꽃받침잎은 4장이며, 꽃이 필 때 아래로 처진다.
4 수술은 8개이며, 수술대와 꽃밥이 모두 꽃잎과 같은 노란색이다.

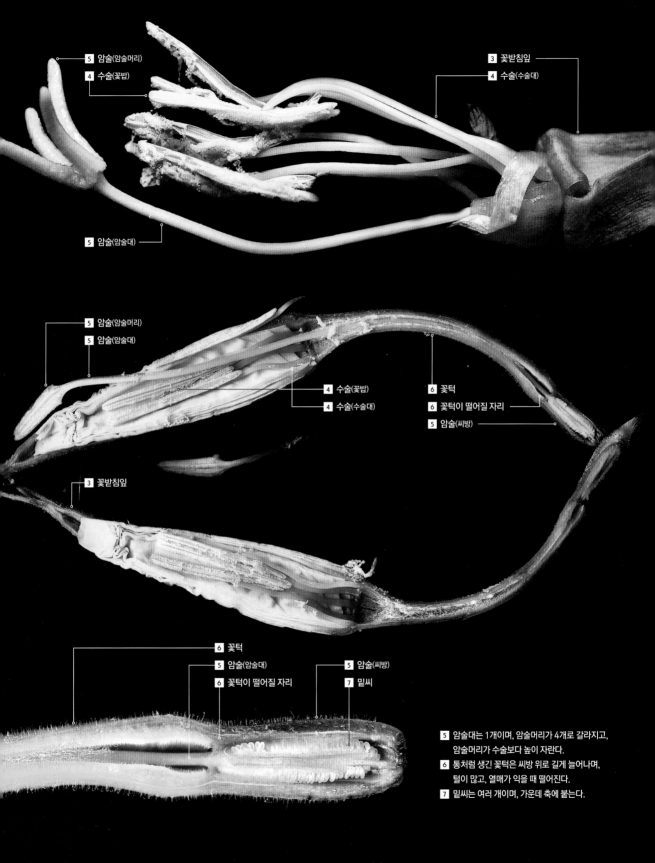

5 암술(암술머리)

4 수술(꽃밥)

3 꽃받침잎

4 수술(수술대)

5 암술(암술대)

5 암술(암술머리)

5 암술(암술대)

4 수술(꽃밥)

4 수술(수술대)

6 꽃턱

6 꽃턱이 떨어질 자리

5 암술(씨방)

3 꽃받침잎

6 꽃턱

5 암술(암술대)

6 꽃턱이 떨어질 자리

5 암술(씨방)

7 밑씨

5 암술대는 1개이며, 암술머리가 4개로 갈라지고,
　 암술머리가 수술보다 높이 자란다.

6 통처럼 생긴 꽃턱은 씨방 위로 길게 늘어나며,
　 털이 많고, 열매가 익을 때 떨어진다.

7 밑씨는 여러 개이며, 가운데 축에 붙는다.

8 열매(모임열매)

8 열매(씨열매)

4 꽃받침

3 꽃싸개

1 꽃차례

056 층층나무과

산딸나무

1 꽃은 매우 작으며 꽃대 끝에 하나하나가 촘촘히 달려 마치 한 덩어리를
　　이룬다(머리모양꽃차례).
2 꽃잎은 4장이다.
3 꽃싸개는 4장이며 꽃잎처럼 생겼다.
4 꽃받침은 씨방과 뭉치며, 나중에 열매가 달리면 위로 솟는다.
5 수술은 4개이며, 뒤로 젖혀진다.

9 씨앗을 둘러싼
속껍질(핵)

6 암술

7 꿀샘

4 꽃받침

2 꽃잎

5 수술(수술대)

5 수술(꽃밥)

6 암술대는 1개이다.

7 꿀샘은 암술대 밑동을 둘러싸고 있다.

8 씨방 하나하나는 씨열매로 자라며,
씨열매가 여러 개 모여 공 하나처럼 달린다(모임열매).

9 씨앗은 딱딱한 속껍질(핵) 속에 있으며,
속껍질은 모양이 제각각이다.

10 꽃턱은 통통하게 부풀었다.

6 암술(암술대)

6 암술(씨방)

10 꽃턱

3 꽃싸개

1 꽃차례

1 꽃차례
2 꽃갓

4 수술(꽃밥)
4 수술(수술대)

5 암술(암술대)

진달래과

진달래

1 꽃은 줄기 끝에 1~5개씩 모여나며, 잎보다 먼저 핀다.

2 꽃갓은 넓고 끝이 주름지며 5개로 갈라진다. 위쪽 한가운데에 무늬가 있다.

3 꽃받침은 5개로 얕게 갈라지며, 긴 털이 있다.

4 수술은 10개이며, 길이가 다양하고, 끝이 무늬가 있는 꽃 안쪽으로 굽는다.

5 암술(암술대)

5 암술(씨방)

3 꽃받침

6 열매

5 암술대는 1개이며 수술보다 길고, 끝이 무늬가 있는 꽃 안쪽으로 굽는다.
씨방은 각지고 비늘 같은 털이 촘촘하다.

6 열매는 4~5개로 갈라진다.

진달래과 특징

곤충이 꽃가루받이를 잘 도울 수 있도록
수술과 암술이 꽃잎 무늬 쪽으로 굽어 있어요.

2 꽃갓
5 암술(암술머리)
4 수술(꽃밥)

3 꽃받침

2 꽃갓

6 열매

3 꽃받침
1 꽃차례

3 꽃받침

058 진달래과

산철쭉

1 꽃은 줄기 끝에 2~3개씩 모여나고, 잎과 같이 핀다.
2 꽃갓은 넓고 끝이 주름지며 5개로 갈라진다. 위쪽 한가운데에 무늬가 있다.
3 꽃받침은 5개로 깊게 갈라지며, 긴 털이 촘촘하다.
4 수술은 10개이며, 수술대 밑동에 털이 많고, 끝이 무늬가 있는 꽃 안쪽으로 굽는다.

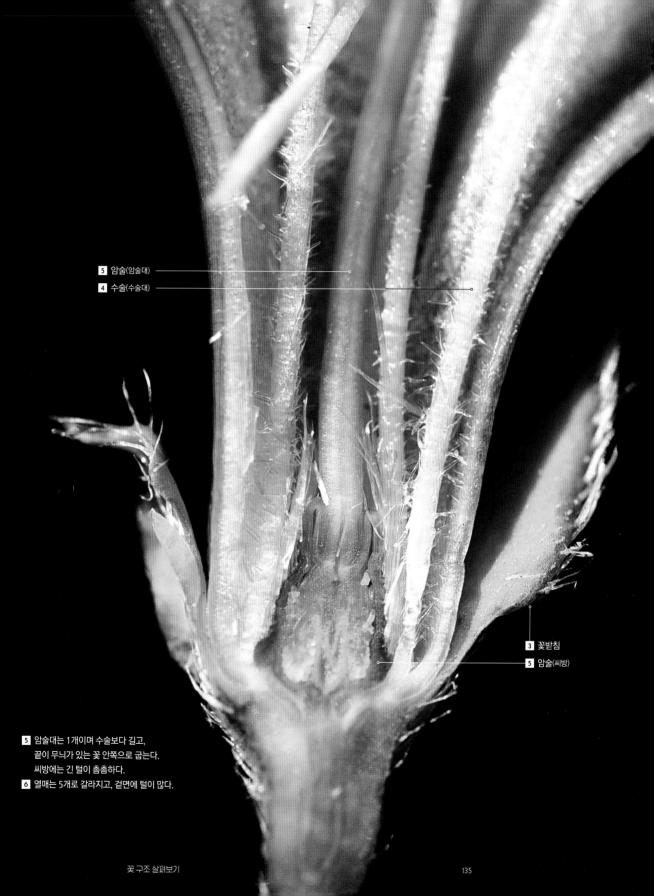

5 암술(암술대) ⎯⎯⎯⎯⎯⎯⎯⎯

4 수술(수술대) ⎯⎯⎯⎯⎯⎯⎯⎯

3 꽃받침

5 암술(씨방)

5 암술대는 1개이며 수술보다 길고,
끝이 무늬가 있는 꽃 안쪽으로 굽는다.
씨방에는 긴 털이 촘촘하다.

6 열매는 5개로 갈라지고, 겉면에 털이 많다.

3 꽃받침

2 꽃갓

4 꽃싸개
1 꽃차례

3 꽃받침

2 꽃갓

4 꽃싸개

2 꽃갓

5 수술
6 암술

5 수술(꽃밥)
6 암술(암술대)

2 꽃갓
5 수술(수술대)

3 꽃받침
6 암술(씨방)

3 꽃받침
7 열매

앵초과

봄맞이꽃

1 꽃은 꽃대 끝에서 퍼지듯이 달린다(우산모양꽃차례).
2 꽃갓은 5개로 깊게 갈라지며, 밑동은 통 같다.
3 꽃받침은 5개로 깊게 갈라지며, 털이 있다.
4 꽃싸개는 5장이다.

2 꽃갓

1 꽃차례

5 수술은 5개이며, 암술머리 쪽으로 굽고, 꽃갓 밖으로 나오지 않는다.
6 암술대는 1개이며, 꽃밥보다 약간 낮은 곳에 놓인다.
7 열매는 둥글며, 익으면 5쪽으로 갈라진다.

큰까치수염

1 꽃차례

까치수염

2 꽃갓
3 꽃받침

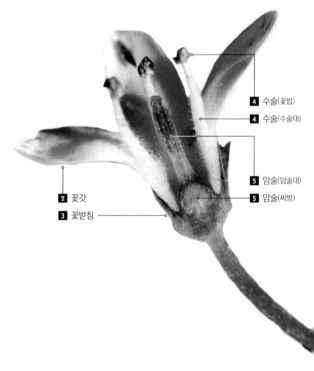

4 수술(꽃밥)
4 수술(수술대)

5 암술(암술대)
5 암술(씨방)

2 꽃갓
3 꽃받침

060 앵초과

큰까치수염·까치수염

1 꽃은 줄기 끝에 여럿이 줄지어 달리며(송이모양꽃차례), 꽃차례는 한쪽으로 굽는다. 까치수염은 큰까치수염보다 줄기, 꽃자루에 털이 많다.

2 꽃갓은 5개로 깊게 갈라진다.

3 꽃받침은 5개로 깊게 갈라지며, 각 갈래 가장자리가 반투명하다.

4 수술은 5개이며, 수술대에 털이 많고, 밑동은 꽃갓 통에 붙는다.
5 암술대는 1개이며, 씨방은 둥글다.
6 열매는 끄트머리에 암술대가 남는다.

5 암술(암술대)　**6** 열매

3 꽃받침

2 꽃갓
4 수술
5 암술

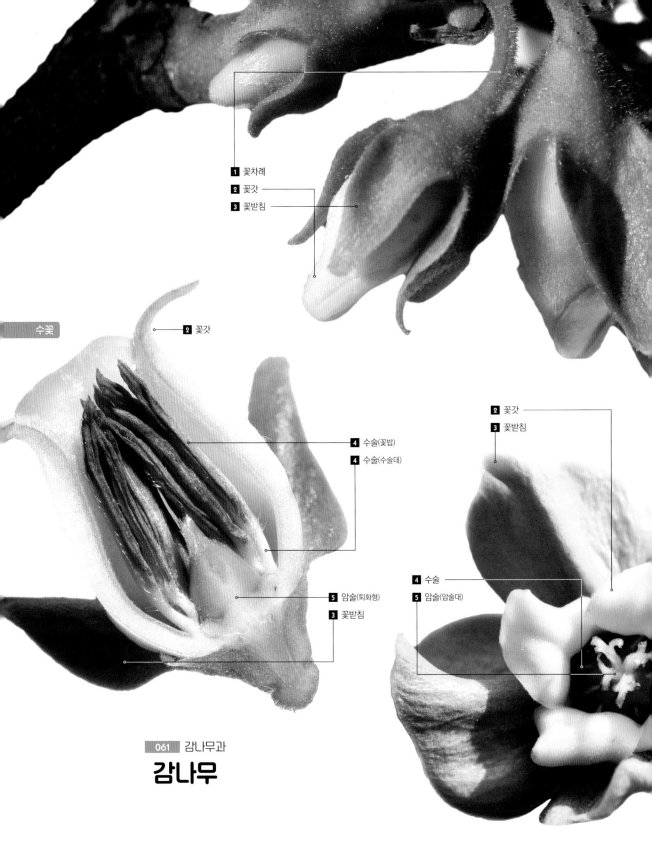

1 꽃차례

2 꽃갓
3 꽃받침

수꽃

2 꽃갓

2 꽃갓
3 꽃받침

4 수술(꽃밥)
4 수술(수술대)

4 수술
5 암술(암술대)

5 암술(퇴화형)
3 꽃받침

061 감나무과

감나무

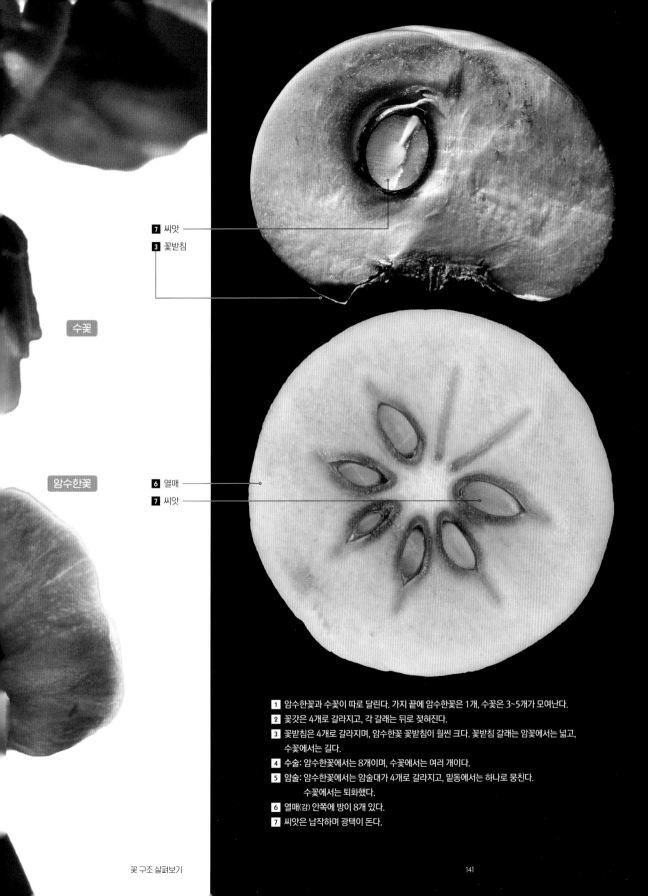

7 씨앗

3 꽃받침

수꽃

암수한꽃

6 열매

7 씨앗

1 암수한꽃과 수꽃이 따로 달린다. 가지 끝에 암수한꽃은 1개, 수꽃은 3~5개가 모여난다.

2 꽃갓은 4개로 갈라지고, 각 갈래는 뒤로 젖혀진다.

3 꽃받침은 4개로 갈라지며, 암수한꽃 꽃받침이 훨씬 크다. 꽃받침 갈래는 암꽃에서는 넓고, 수꽃에서는 길다.

4 수술: 암수한꽃에서는 8개이며, 수꽃에서는 여러 개이다.

5 암술: 암수한꽃에서는 암술대가 4개로 갈라지고, 밑동에서는 하나로 뭉친다. 수꽃에서는 퇴화했다.

6 열매(감) 안쪽에 방이 8개 있다.

7 씨앗은 납작하며 광택이 돈다.

6 열매

3 꽃받침

4 수술(퇴화형)

2 꽃갓

3 꽃받침

5 암술(암술대)

감나무과

고욤나무

1 암꽃과 수꽃이 따로 달린다. 암꽃은 가지 끝에 1개, 수꽃은 1~3개가 모여난다.

2 꽃갓은 암꽃이 4개, 수꽃이 4~6개로 갈라지고, 각 갈래는 뒤로 젖혀진다.

3 꽃받침은 4개로 갈라지며, 암꽃 꽃받침이 훨씬 크다.

3 꽃받침
2 꽃갓
1 꽃차례

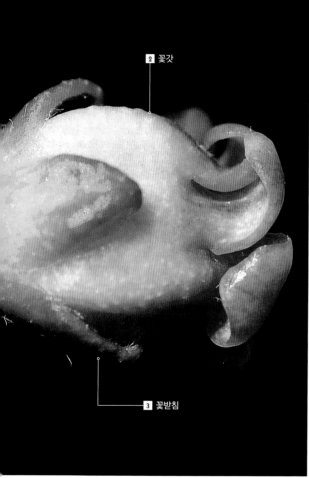

2 꽃갓

3 꽃받침

2 꽃갓
4 수술

4 **수술:** 수꽃에는 16개쯤 있고, 암꽃에는 8개 있지만 수꽃에 비하면 퇴화했다.
5 **암술:** 암꽃에서는 암술대가 4개로 갈라지고, 밑동에서는 하나로 뭉친다.
　　　　수꽃에서는 퇴화했다.
6 열매(고욤)는 동글동글하고 주홍빛으로 익는다.

3 꽃받침
2 꽃갓

2 꽃갓
3 꽃받침

1 꽃차례

3 꽃받침
6 열매

때죽나무과

때죽나무

1 꽃은 가지 끝에 여럿이 줄지어 달리며(송이모양꽃차례), 모두 아래를 향해 핀다.
2 꽃갓은 5개로 깊게 갈라진다.
3 꽃받침은 5~8개로 얕게 갈라진다.
4 수술은 10개이며, 수술대는 밑동에서 서로 뭉쳐 꽃잎에 붙고, 꽃밥이 길다.
5 씨방과 암술대는 1개이며, 암술대는 수술보다 길다.
6 열매는 회백색으로 익고 잔털이 촘촘하다.
7 씨앗은 둥글며, 진한 갈색이다.

5 암술(암술대)

4 수술(꽃밥)

2 꽃갓

3 꽃받침

7 씨앗

6 열매

3 꽃받침

4 수술(수술대)

5 암술(씨방)

꽃 구조 살펴보기

2 꽃갓
1 꽃차례

6 속껍질(핵)

6 열매
3 꽃받침

1 꽃차례

064 물푸레나무과

이팝나무

1 암수한꽃과 수꽃이 따로 달린다. 꽃은 가지 끝에 수북하니 모여 달려(고깔모양꽃차례) 나무 전체가 흰색으로 보이기도 한다.

2 꽃갓은 밑동 근처까지 4개로 깊게 갈라져서 갈래꽃으로 헷갈릴 수 있다.

3 꽃받침은 4개로 깊게 갈라진다.

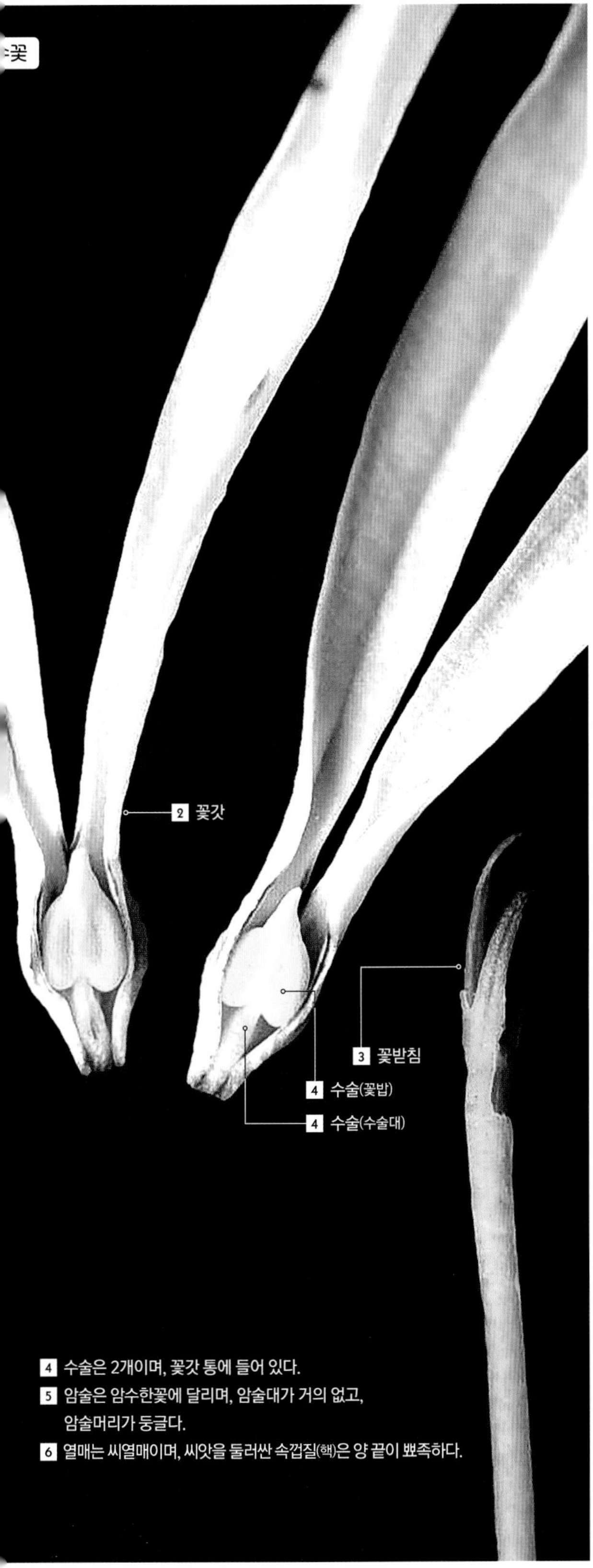

2 꽃갓

3 꽃받침

4 수술(꽃밥)

4 수술(수술대)

4 수술(꽃밥)

3 꽃받침

5 암술(암술머리)

5 암술(씨방)

4 수술은 2개이며, 꽃갓 통에 들어 있다.
5 암술은 암수한꽃에 달리며, 암술대가 거의 없고,
　암술머리가 둥글다.
6 열매는 씨열매이며, 씨앗을 둘러싼 속껍질(핵)은 양 끝이 뾰족하다.

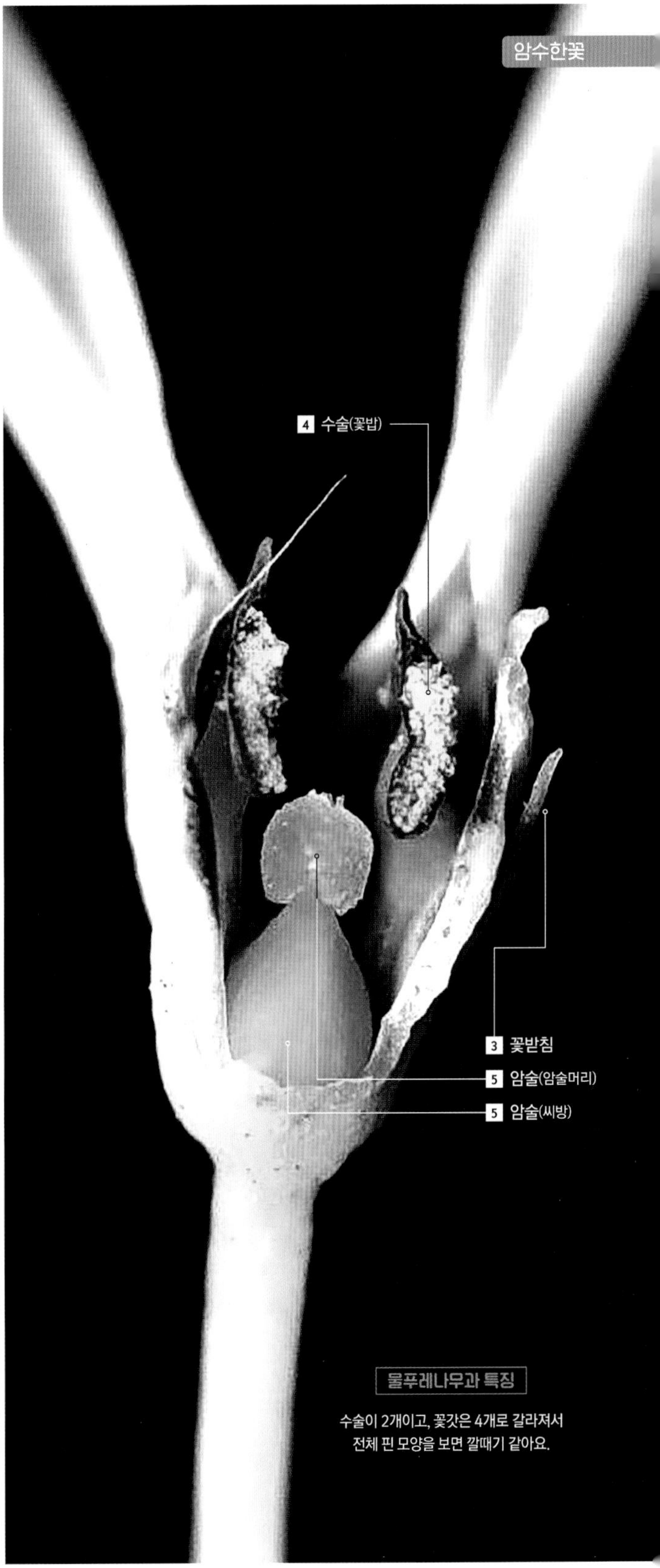

물푸레나무과 특징

수술이 2개이고, 꽃갓은 4개로 갈라져서
전체 핀 모양을 보면 깔때기 같아요.

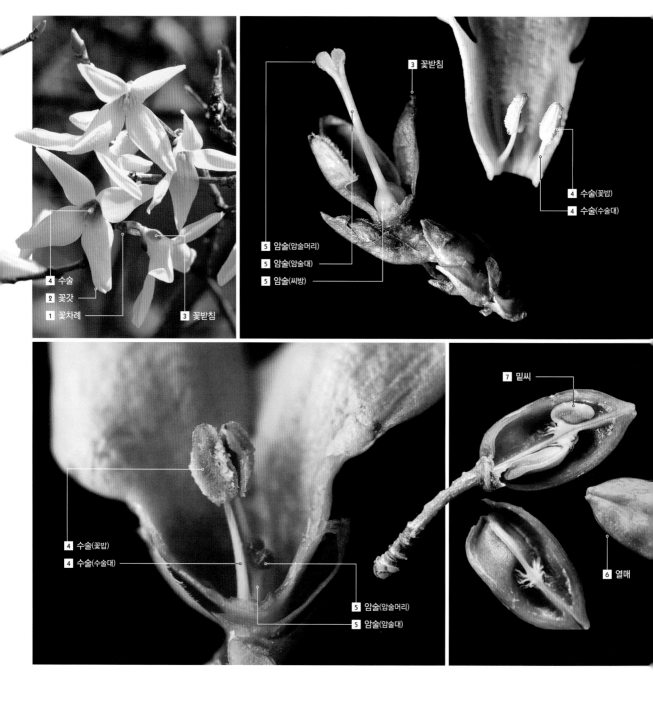

4 수술

2 꽃갓
1 꽃차례

3 꽃받침

3 꽃받침

5 암술(암술머리)
5 암술(암술대)
5 암술(씨방)

4 수술(꽃밥)
4 수술(수술대)

7 밑씨

4 수술(꽃밥)
4 수술(수술대)

5 암술(암술머리)
5 암술(암술대)

6 열매

065 물푸레나무과

개나리

1 꽃은 잎겨드랑이에서 1~3개씩 달리며, 잎보다 꽃이 먼저 핀다.
2 3 꽃갓과 꽃받침 모두 4개로 깊게 갈라진다.
4 수술은 2개이다. 암술대가 길면 수술대는 짧고, 암술대가 짧으면 수술대가 길다. 수술대는 꽃갓 밑동에 붙는다.

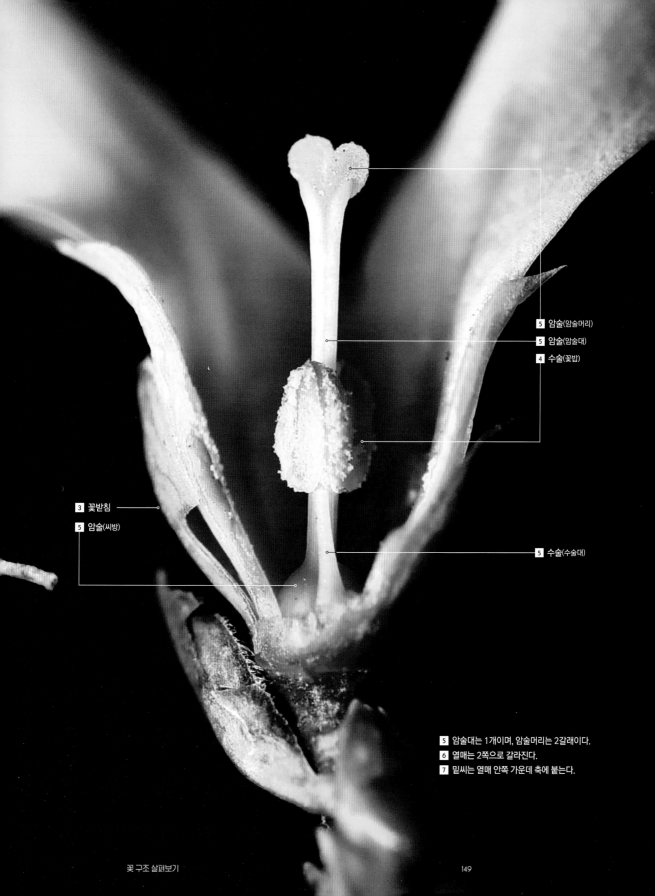

5 암술(암술머리)

5 암술(암술대)

4 수술(꽃밥)

3 꽃받침

5 암술(씨방)

5 수술(수술대)

5 암술대는 1개이며, 암술머리는 2갈래이다.
6 열매는 2쪽으로 갈라진다.
7 밑씨는 열매 안쪽 가운데 축에 붙는다.

1 꽃차례

3 꽃받침

2 꽃갓
4 수술

6 속껍질(핵)

6 열매

066 물푸레나무과

쥐똥나무

1 꽃은 가지 끝에 수북하니 모여 달린다(고깔모양꽃차례).
2 꽃갓은 길쭉하고 4개로 갈라진다.
3 꽃받침은 톱니처럼 얕게 갈라진다.
4 수술은 2개이며, 수술대는 짧고 꽃갓 통 입구에 붙는다.
5 암술대는 1개이며, 암술대가 꽃잎 중간까지만 뻗어 밖에서는 잘 보이지 않는다.

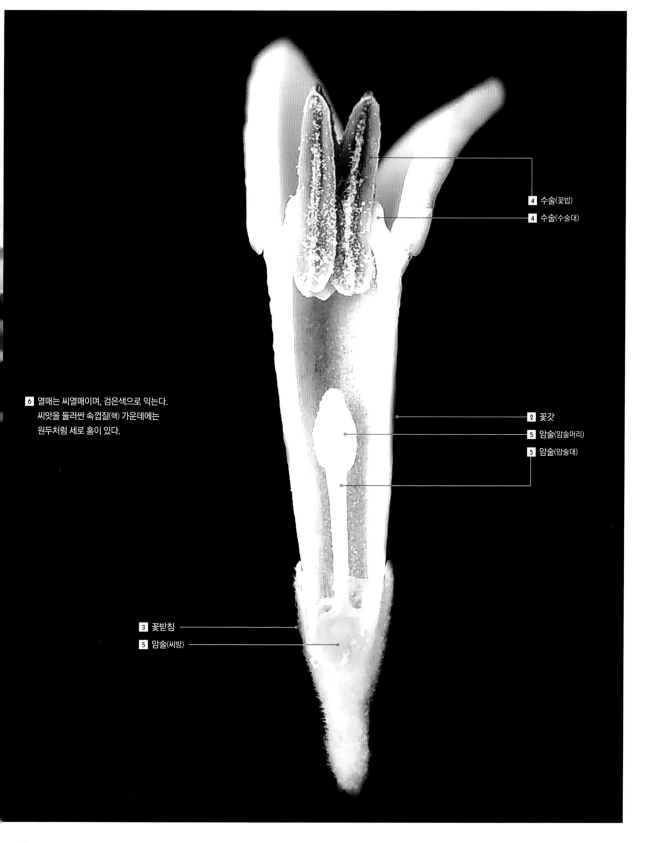

6 열매는 씨열매이며, 검은색으로 익는다.
씨앗을 둘러싼 속껍질(핵) 가운데에는
원두처럼 세로 홈이 있다.

4 수술(꽃밥)
4 수술(수술대)

2 꽃갓
5 암술(암술머리)
5 암술(암술대)

3 꽃받침
5 암술(씨방)

6 열매

6 열매

1 꽃차례
2 꽃갓
4 수술

2 꽃갓
3 꽃받침

067 물푸레나무과

라일락(서양수수꽃다리)

1 꽃은 가지 끝에 수북하니 모여 달리고(고깔모양꽃차례), 잎보다 꽃이 먼저 핀다.

2 꽃갓은 좁고 길쭉하며 끝이 4개로 깊게 갈라진다.

3 꽃받침은 종 모양이며, 4개로 갈라진다.

4 수술은 2개이며, 수술대는 꽃갓 통 입구 쪽에 붙어 밖으로는 나오지 않는다.

5 암술대는 1개이며, 수술보다 훨씬 아래에 있고, 암술머리는 두 갈래이다. 씨방은 꽃갓 밑동에 붙는다.

6 열매는 약간 납작하고, 끝이 뾰족하며, 익으면 2쪽으로 벌어진다.

4 수술(꽃밥)

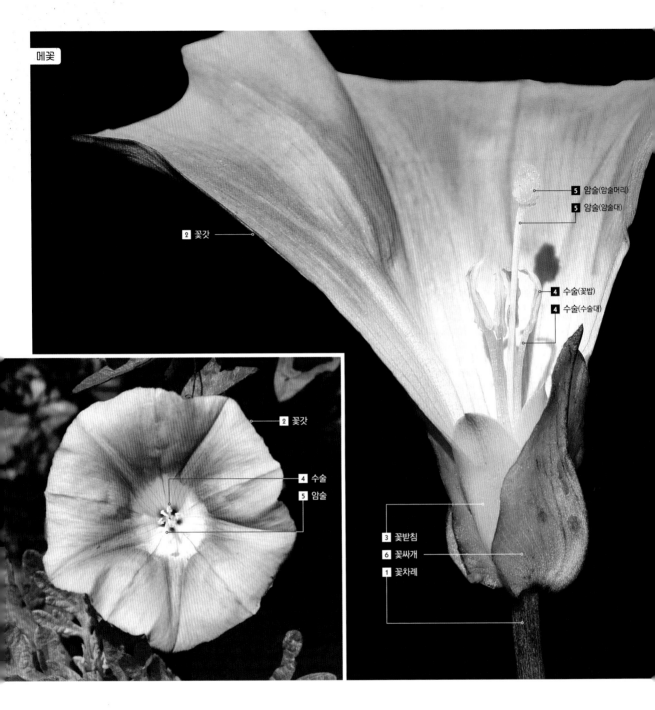

메꽃

5 암술(암술머리)

5 암술(암술대)

2 꽃갓

4 수술(꽃밥)

4 수술(수술대)

2 꽃갓

4 수술

5 암술

3 꽃받침

6 꽃싸개

1 꽃차례

068 메꽃과

메꽃·애기메꽃

1 꽃은 잎겨드랑이에 1개씩 달린다.

2 꽃갓은 끝이 넓게 퍼지며, 밑동으로 갈수록 색이 옅어진다.
애기메꽃은 메꽃보다 꽃갓이 작고, 꽃대에 날개가 있다.

3 꽃받침은 5개로 갈라진다.

2 꽃갓

2 꽃갓

3 꽃받침
6 꽃싸개

2 꽃대 날개

4 수술(꽃밥)
5 암술(암술머리)
5 암술(암술대)

4 수술은 5개이며, 모두 길이가 같고, 수술대는 꽃갓 밑동에 붙는다.
5 암술대는 1개이며 수술대보다 길고, 암술머리는 2개로 갈라진다.
6 꽃싸개는 2개이며, 꽃받침보다 크고, 꽃받침을 감싼다.

꽃 구조 살펴보기

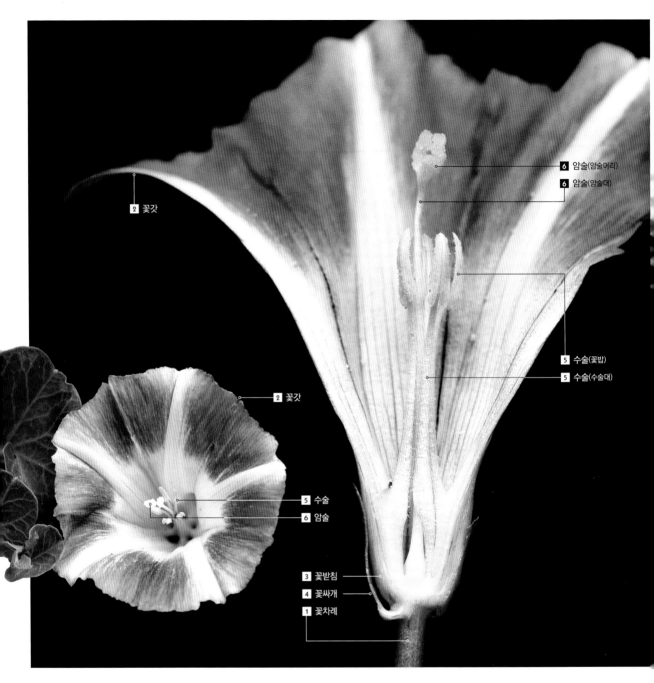

2 꽃갓

6 암술(암술머리)

6 암술(암술대)

5 수술(꽃밥)

5 수술(수술대)

2 꽃갓

5 수술

6 암술

3 꽃받침

4 꽃싸개

1 꽃차례

069 메꽃과

갯메꽃

1 꽃은 잎겨드랑이에 1개씩 달린다.
2 꽃갓은 끝이 넓게 퍼지며, 밑동으로 갈수록 색이 옅어진다.
3 꽃받침은 5개로 깊게 갈라진다.
4 꽃싸개는 2개이며, 꽃받침을 감싼다.
5 수술은 5개이며, 모두 길이가 같고, 수술대는 꽃갓 밑동에 붙는다.
6 암술대는 1개이며 수술대보다 길고, 암술머리는 2개로 갈라진다.
7 꿀샘은 씨방 밑동을 둘러싼다.
8 씨방 안에 밑씨가 4개 들어 있으며, 씨앗으로 자랄 때 검게 익는다.
9 열매는 꽃싸개와 꽃받침에 싸여 있다.

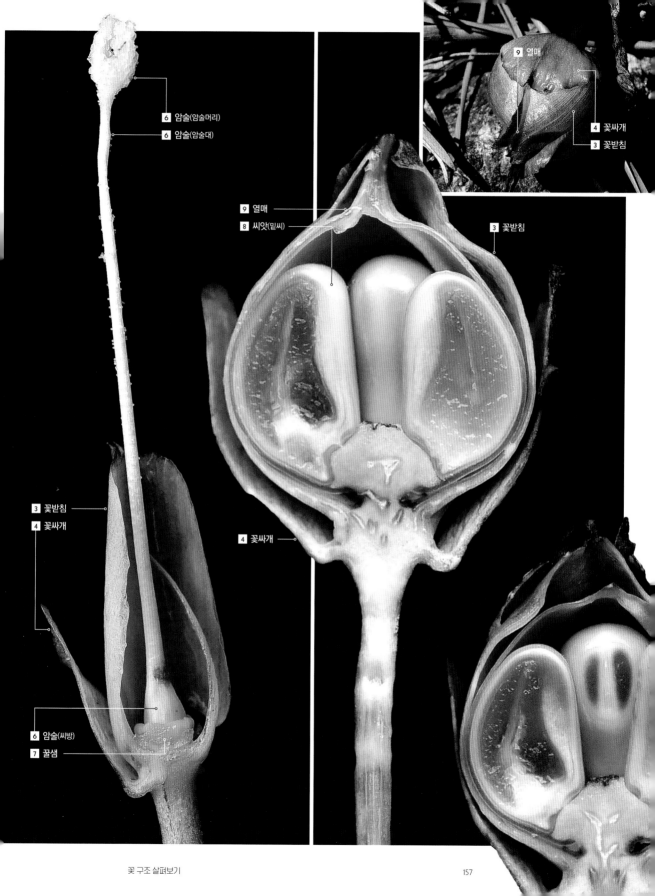

6 암술(암술머리)
6 암술(암술대)

9 열매
4 꽃싸개
3 꽃받침

9 열매
8 씨앗(밑씨)
3 꽃받침

3 꽃받침
4 꽃싸개

4 꽃싸개

6 암술(씨방)
7 꿀샘

070 메꽃과

나팔꽃·둥근잎나팔꽃

1 꽃: 나팔꽃은 잎겨드랑이에 1~3개씩 달리며, 둥근잎나팔꽃은 1~5개씩 모여난다.

2 꽃갓은 끝이 넓게 퍼지며, 밑동으로 갈수록 색이 옅어진다.

3 꽃받침: 나팔꽃은 5개로 거의 밑동까지 갈라지며, 각 갈래 끝이 뒤로 굽고,
전체에 갈색 털이 촘촘하다. 둥근잎나팔꽃은 얕게 갈라지고,
각 갈래 끝이 뒤로 굽지 않는다.

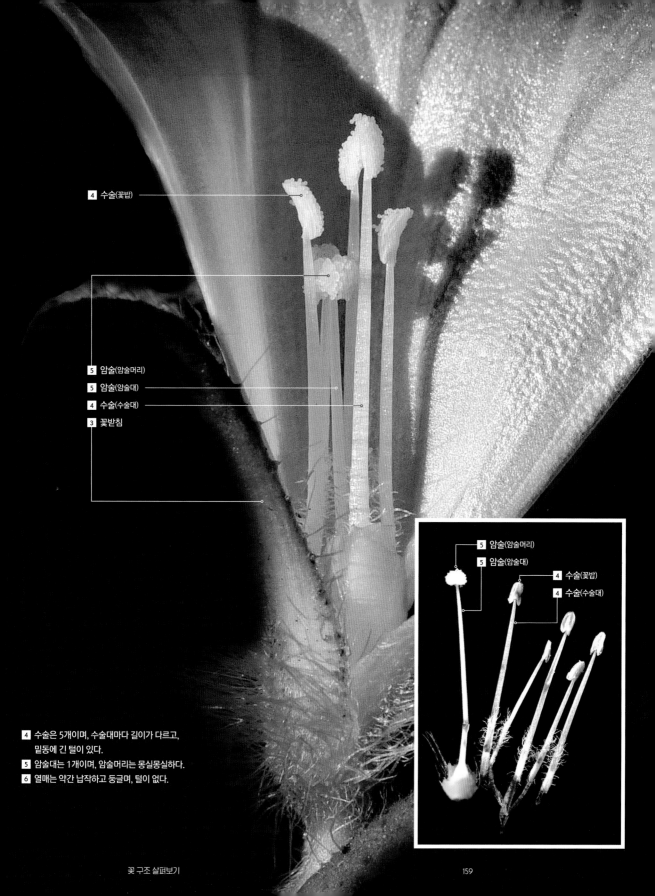

4 수술(꽃밥)

5 암술(암술머리)
5 암술(암술대)
4 수술(수술대)
3 꽃받침

4 수술은 5개이며, 수술대마다 길이가 다르고,
밑동에 긴 털이 있다.
5 암술대는 1개이며, 암술머리는 몽실몽실하다.
6 열매는 약간 납작하고 둥글며, 털이 없다.

5 암술(암술머리)
5 암술(암술대)
4 수술(꽃밥)
4 수술(수술대)

3 꽃받침
2 꽃갓
1 꽃차례

2 꽃갓

071 꽃고비과

꽃잔디

1 꽃은 가지 끝에 3~4개씩 모여나고, 줄기가 바닥을 기듯이 자라기 때문에 꽃이 땅을 덮은 것처럼 보인다.

2 꽃갓은 끝이 5개로 갈라지고, 각 갈래 밑동에 홍자색 줄무늬가 있어서 전체로 보면 동그라미 같다.

4 수술(꽃밥)

4 수술(수술대)

2 꽃갓

3 꽃받침

5 암술(암술머리)

5 암술(암술대)

5 암술(씨방)

3 꽃받침은 5개로 갈라지며, 각 갈래 끝이 뾰족하고, 전체에 털이 촘촘하다.
4 수술은 5개이며, 수술대마다 밑동이 꽃갓 통에 붙는 위치가 다르다.
5 암술대는 1개이며 수술보다 아래에 있고, 암술머리는 3개로 갈라진다.

1 꽃차례
3 꽃받침
2 꽃갓

2 꽃갓

6 열매

지치과

모래지치

1 꽃은 꽃대 가운데에서 가장자리 순으로 달린다(고른우산살송이모양꽃차례).
2 꽃갓은 끝이 5~6개로 갈라지고, 갈래 밑동에서 꽃잎 통 안쪽까지 노랗다.
  꽃잎 바깥쪽에 털이 많다.
3 꽃받침은 4~5개로 깊게 갈라지며, 전체에 털이 촘촘하다.

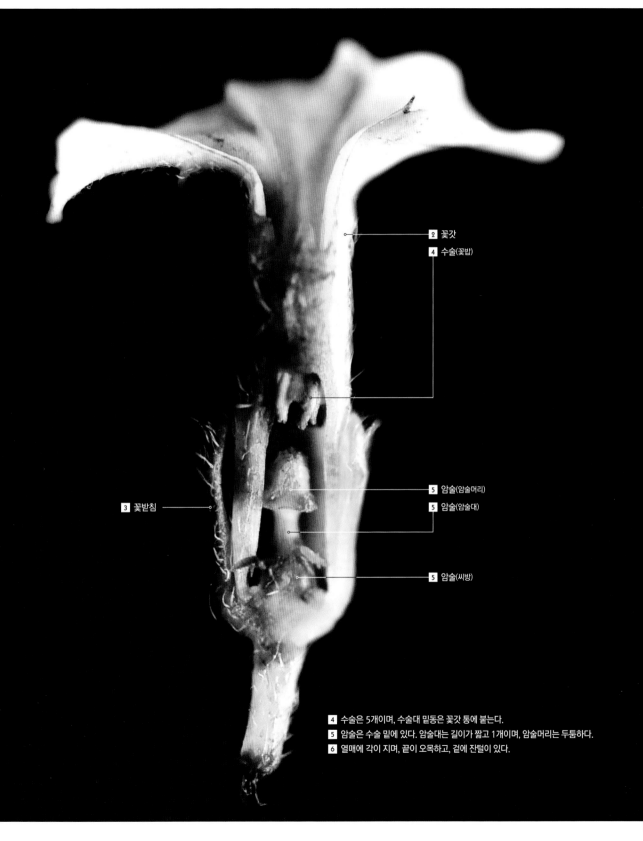

2 꽃갓

4 수술(꽃밥)

5 암술(암술머리)

3 꽃받침

5 암술(암술대)

5 암술(씨방)

4 수술은 5개이며, 수술대 밑동은 꽃갓 통에 붙는다.
5 암술은 수술 밑에 있다. 암술대는 길이가 짧고 1개이며, 암술머리는 두툼하다.
6 열매에 각이 지며, 끝이 오목하고, 겉에 잔털이 있다.

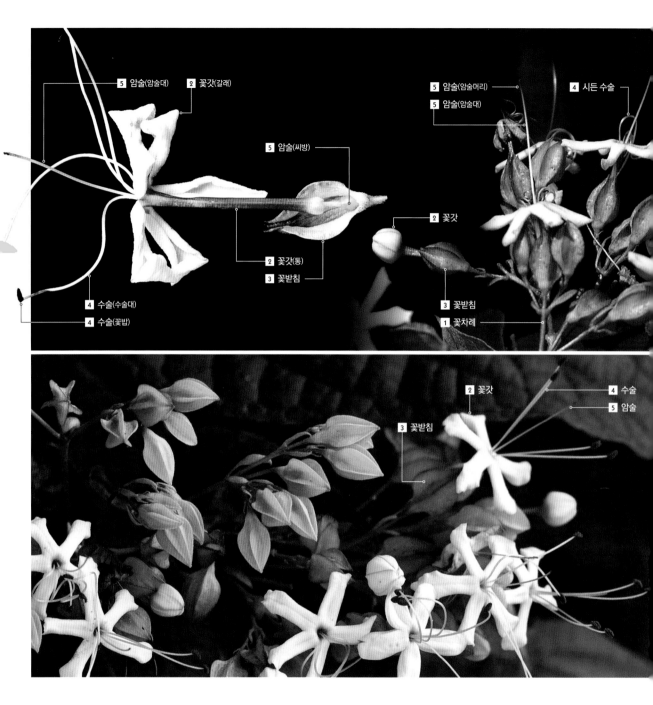

5 암술(암술대) 2 꽃갓(갈래)
5 암술(씨방)
5 암술(암술머리) 4 시든 수술
5 암술(암술대)
2 꽃갓
2 꽃갓(통)
3 꽃받침
3 꽃받침
4 수술(수술대)
4 수술(꽃밥)
1 꽃차례

2 꽃갓 4 수술
5 암술
3 꽃받침

073 마편초과

누리장나무

1 꽃은 꽃대 가운데에서 가장자리 순으로 달린다(고른우산살송이모양꽃차례).
2 꽃갓은 끝이 5개로 갈라진다.
3 꽃받침은 5개로 깊게 갈라진다. 각 갈래는 연두색 → 연한 자주색 → 적자색으로 색깔이 변하면서 수평으로 펼쳐진다.

3 꽃받침

6 열매

6 열매

4 수술은 4개이며, 암술대보다 먼저 꽃잎 밖으로 길게 나오고, 수술대는 흰색이다.

5 암술대는 1개이며, 수술이 시든 뒤에 암술대가 꽃갓 밖으로 길게 나오지만
　수술보다는 짧다. 암술머리는 2갈래이다.

6 열매는 푸른색에서 검은색으로 익으며, 둥글다.

1 꽃차례

4 수술
5 암술(암술대)

2 꽃갓

3 꽃받침

1 꽃차례

074 마편초과

순비기나무

1 꽃은 줄기 끝에 여럿이 모여 달린다(고깔모양꽃차례).

2 꽃갓은 위아래로 갈라지며, 다시 위쪽은 2개, 아래쪽 3개로 갈라진다. 가운데 갈래가 가장 크고, 긴 털이 촘촘하다.

3 꽃받침은 끝이 5개로 얕게 갈라지고, 잔털이 촘촘하다.

4 수술은 4개이며, 수술대가 암술대보다 짧고, 밑동에 긴 털이 촘촘하다.

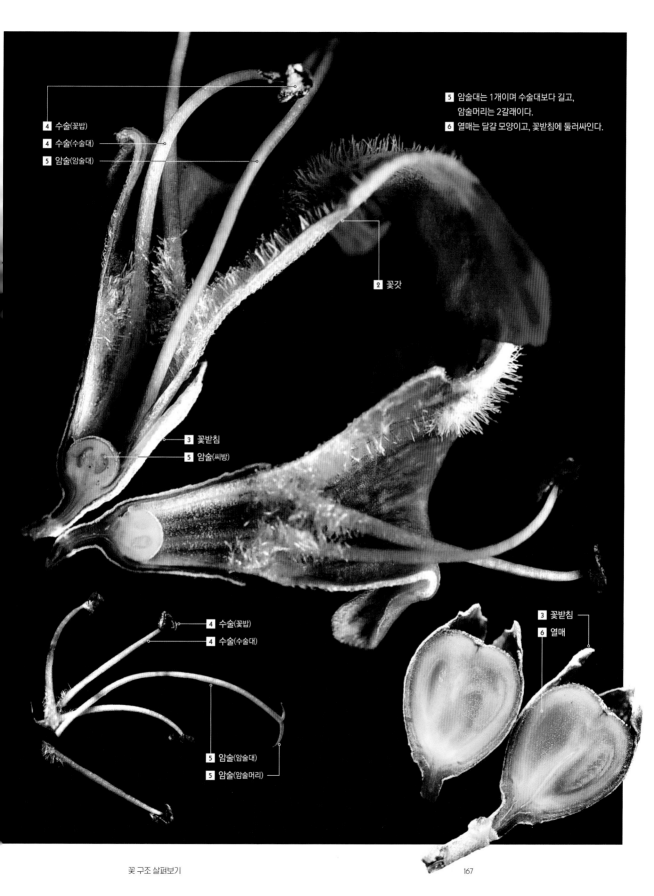

4 수술(꽃밥)

4 수술(수술대)

5 암술(암술대)

5 암술대는 1개이며 수술대보다 길고,
　　암술머리는 2갈래이다.

6 열매는 달걀 모양이고, 꽃받침에 둘러싸인다.

2 꽃갓

3 꽃받침

5 암술(씨방)

4 수술(꽃밥)

4 수술(수술대)

5 암술(암술대)

5 암술(암술머리)

3 꽃받침

6 열매

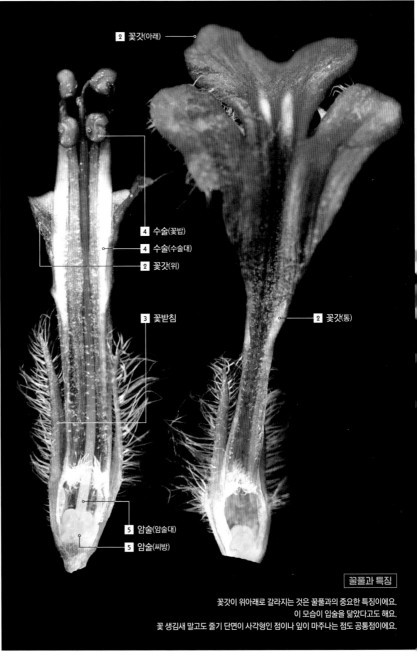

1 꽃차례

2 꽃갓

5 암술(암술대)
4 수술(꽃밥)
4 수술(수술대)

3 꽃받침

2 꽃갓(아래)

4 수술(꽃밥)
4 수술(수술대)
2 꽃갓(위)

3 꽃받침

2 꽃갓(통)

5 암술(암술대)
5 암술(씨방)

꿀풀과 특징

꽃갓이 위아래로 갈라지는 것은 꿀풀과의 중요한 특징이에요.
이 모습을 입술을 닮았다고도 해요.
꽃 생김새 말고도 줄기 단면이 사각형인 점이나 잎이 마주나는 점도 공통점이에요.

075 꿀풀과

조개나물

1 꽃은 잎겨드랑이에 돌려나듯이 모여난다.
2 꽃갓은 위아래로 갈라지며, 위쪽 갈래는 매우 짧고, 아래쪽 갈래는 다시 3개로
  갈라진다. 꽃갓 겉면에 긴 털이 많으며, 안쪽 밑동에도 흰색 털이 촘촘하다.
3 꽃받침은 5개로 깊게 갈라지고, 겉면에 희고 긴 털이 촘촘하다.
4 수술은 4개이다. 수술대는 2개는 길고 2개는 약간 짧으며,
  밑동이 꽃갓 통 가운데에 붙는다.
5 암술대는 1개이며, 끝이 2개로 갈라진다.

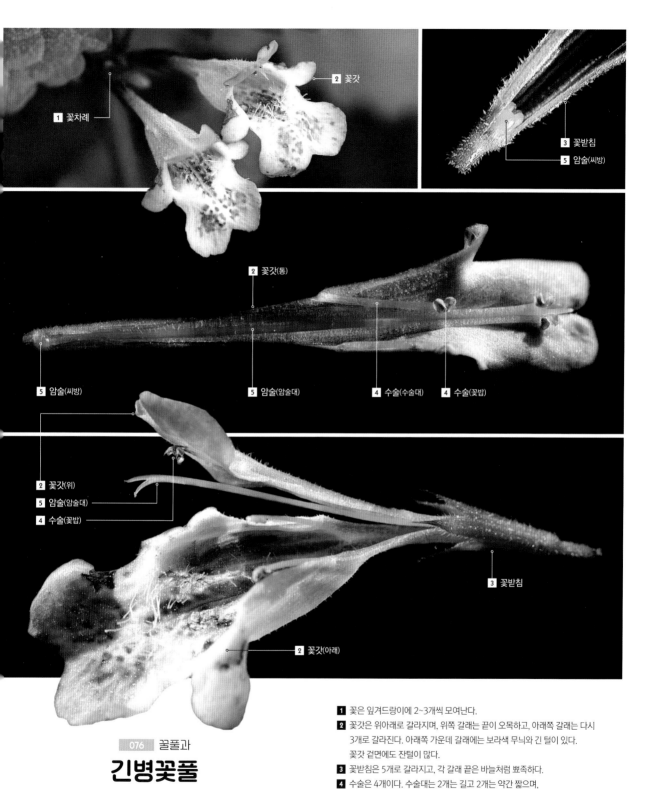

1 꽃차례

2 꽃갓

3 꽃받침
5 암술(씨방)

2 꽃갓(통)

5 암술(씨방)

5 암술(암술대)

4 수술(수술대)

4 수술(꽃밥)

2 꽃갓(위)
5 암술(암술대)
4 수술(꽃밥)

3 꽃받침

2 꽃갓(아래)

076 꿀풀과

긴병꽃풀

1 꽃은 잎겨드랑이에 2~3개씩 모여난다.

2 꽃갓은 위아래로 갈라지며, 위쪽 갈래는 끝이 오목하고, 아래쪽 갈래는 다시 3개로 갈라진다. 아래쪽 가운데 갈래에는 보라색 무늬와 긴 털이 있다. 꽃갓 겉면에도 잔털이 많다.

3 꽃받침은 5개로 갈라지고, 각 갈래 끝은 바늘처럼 뾰족하다.

4 수술은 4개이다. 수술대는 2개는 길고 2개는 약간 짧으며, 밑동이 꽃잎 통 가운데에 붙는다.

5 암술대는 1개이며 수술대보다 약간 길고, 끝이 2개로 갈라진다.

077 꿀풀과

광대나물

1 꽃은 잎겨드랑이에 돌려나듯 달린다.

2 꽃갓은 위아래로 갈라진다. 위쪽 갈래는 덮개 같고, 아래쪽 갈래는 다시 3개로
갈라진다. 아래쪽 갈래에는 무늬가 있고, 꽃갓 겉면에 털이 촘촘하다.

3 꽃받침은 5개로 깊게 갈라지며, 털이 촘촘하다.

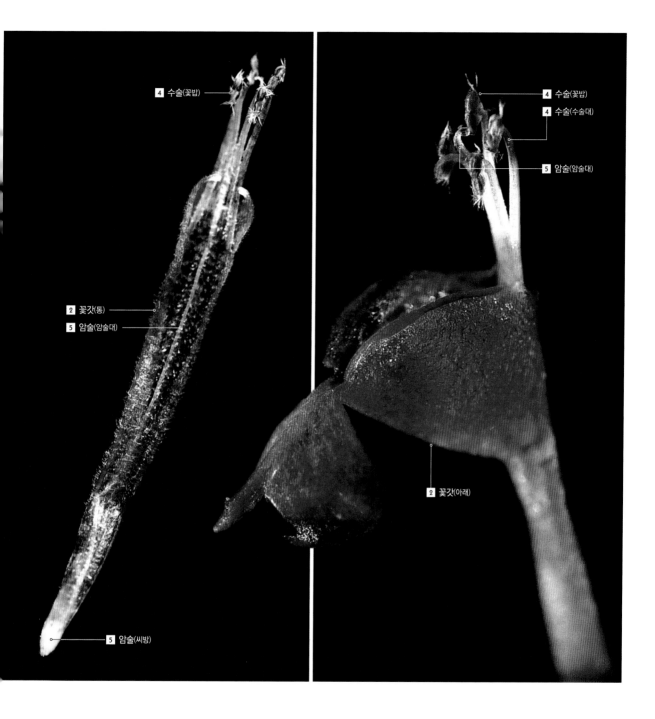

4 수술(꽃밥)

4 수술(꽃밥)
4 수술(수술대)

5 암술(암술대)

2 꽃갓(통)
5 암술(암술대)

2 꽃갓(아래)

5 암술(씨방)

4 수술은 4개이며, 수술대는 밑동이 꽃잎 아래쪽 갈래 뒤쪽에 붙는다.
끝이 아래로 굽는다.
5 암술대는 1개이고, 끝이 2개로 갈라지며 아래로 굽는다.

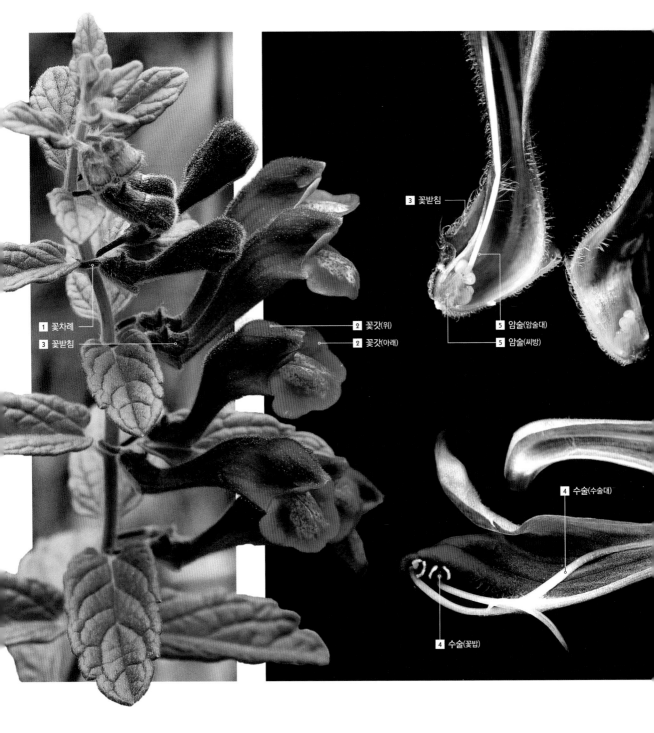

1 꽃차례
3 꽃받침
2 꽃갓(위)
2 꽃갓(아래)
3 꽃받침
5 암술(암술대)
5 암술(씨방)
4 수술(수술대)
4 수술(꽃밥)

078

꿀풀과

참골무꽃

1 꽃은 잎겨드랑이에 하나씩 달리고, 모두 한쪽으로 핀다.
2 꽃갓은 위아래로 갈라진다. 위쪽 갈래는 덮개처럼 위로 부풀고,
    아래쪽은 다시 3개로 갈라진다. 아래쪽 갈래에 있는 줄무늬는 꽃잎 안쪽까지
    이어진다. 꽃갓 밑동은 'ㄴ'자처럼 꺾여 위를 향하며, 겉면에 잔털이 촘촘하다.

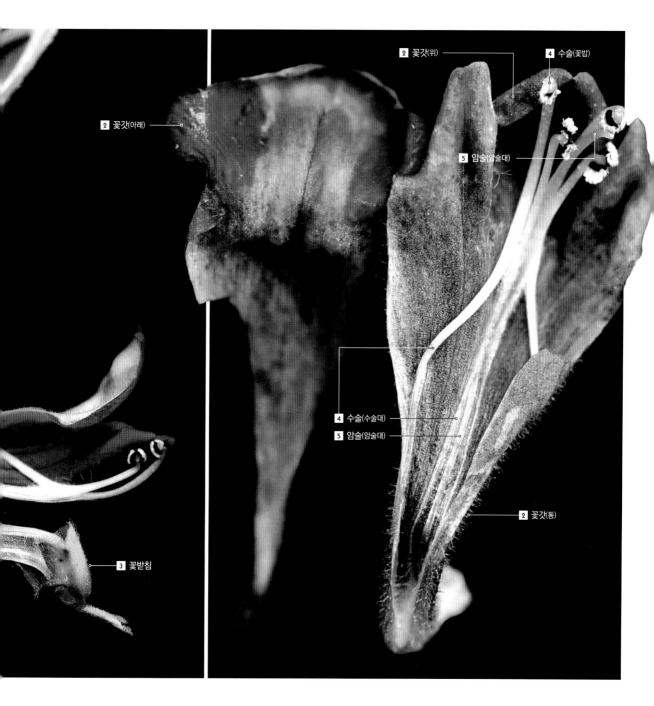

2 꽃갓(위)

4 수술(꽃밥)

2 꽃갓(아래)

5 암술(암술대)

4 수술(수술대)

5 암술(암술대)

2 꽃갓(통)

3 꽃받침

3 꽃받침도 위아래로 갈라지며, 끝이 매끈하고, 겉면에 누운 털이 촘촘하다.

4 수술은 4개이다. 수술대는 2개는 길고 2개는 약간 짧으며
꽃갓 통 위쪽을 따라 붙는다. 끝이 아래로 굽는다.

5 암술대는 1개이며, 끝이 2개로 갈라지고 아래로 굽는다.

1 꽃차례

2 꽃갓

7 씨앗
6 열매

7 씨앗

079

현삼과

참오동나무

1 꽃은 가지 끝에 수북하니 달린다(고깔모양꽃차례).

2 꽃갓은 위쪽 2개, 아래쪽 3개로 갈라지고, 안쪽에 점으로 이어진 줄무늬가 있다. 겉면에 털이 촘촘하다.

3 꽃받침은 5개로 깊게 갈라지고, 겉면에 갈색 털이 촘촘하다.

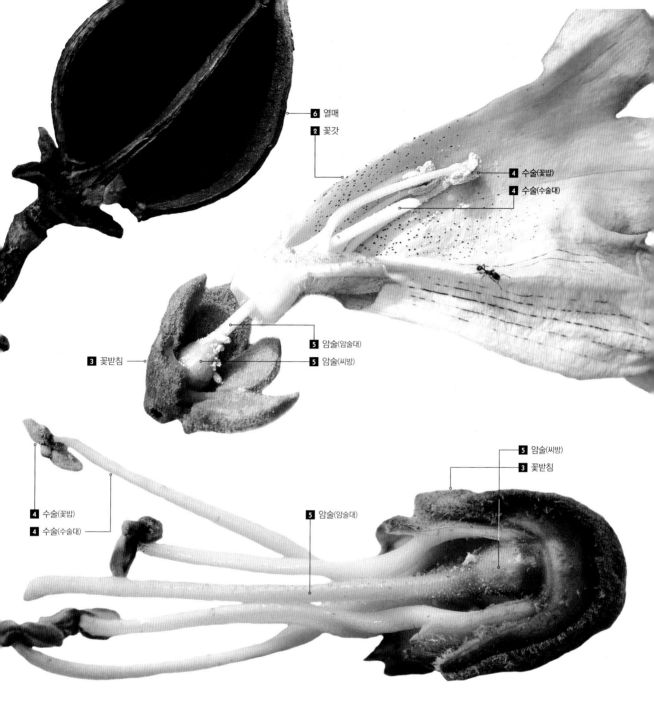

6 열매

2 꽃갓

4 수술(꽃밥)

4 수술(수술대)

5 암술(암술대)

3 꽃받침

5 암술(씨방)

5 암술(씨방)

3 꽃받침

4 수술(꽃밥)

5 암술(암술대)

4 수술(수술대)

4 수술은 4개이다. 수술대는 2개는 길고 2개는 짧으며 꽃갓 밑동에 붙는다.

5 암술대는 1개이며, 길다.

6 열매는 갈색으로 익으며, 2쪽으로 벌어지고, 안쪽에 가로막이 있다.

7 씨앗은 여러 개이며, 가장자리에 얇은 막 같은 날개가 있다.

5 암술(암술머리)

5 암술(암술대)

2 꽃갓

1 꽃차례

3 꽃받침

미국능소화

1 꽃차례
2 꽃갓

3 꽃받침

2 꽃갓

4 수술(꽃밥)

080

능소화과

능소화·미국능소화

1 꽃은 가지 끝에 수북하니 달린다(고깔모양꽃차례).

2 꽃갓은 5개로 얕게 갈라진다. 각 갈래 밑동은 노란 바탕에 줄무늬가 있다. 이 줄무늬는 꽃갓 통 끝까지 이어진다. 미국능소화는 능소화보다 꽃잎과 색이 더 붉고, 줄무늬가 검다. 꽃갓 통도 더 좁고 길다.

3 꽃받침은 5개로 갈라지고, 끝이 바늘처럼 뾰족하다. 미국능소화는 능소화보다 꽃받침 색이 더 붉다.

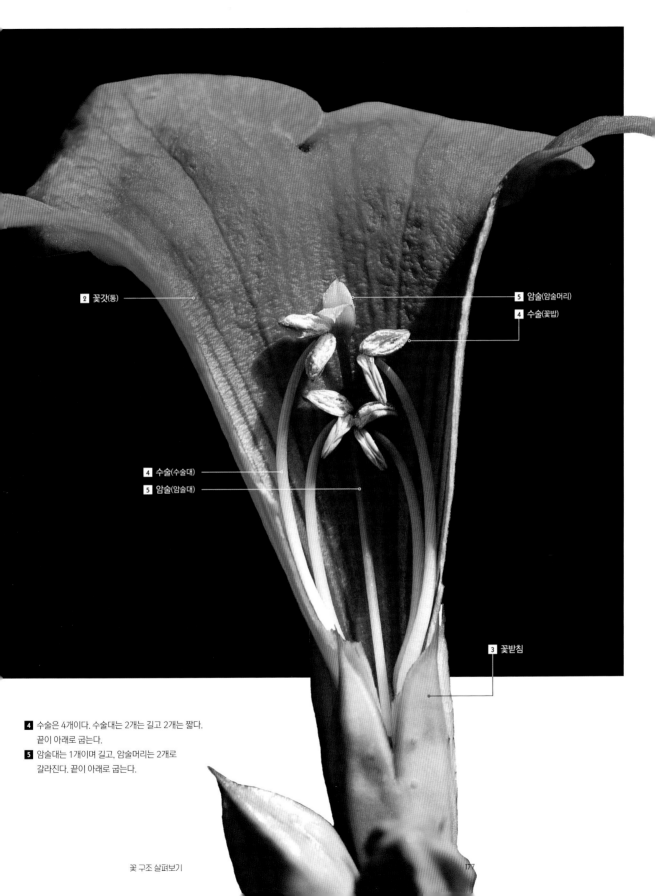

2 꽃갓(통)

5 암술(암술머리)

4 수술(꽃밥)

4 수술(수술대)

5 암술(암술대)

3 꽃받침

4 수술은 4개이다. 수술대는 2개는 길고 2개는 짧다.
끝이 아래로 굽는다.

5 암술대는 1개이며 길고, 암술머리는 2개로
갈라진다. 끝이 아래로 굽는다.

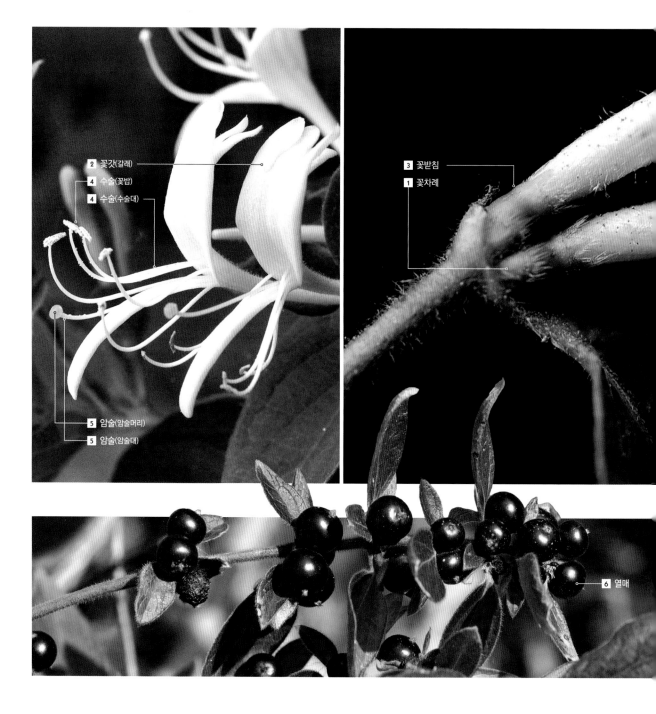

081 인동과

인동덩굴

1 꽃은 잎겨드랑이에 1~2개씩 달리며, 시간이 지나면서 점점 노란색으로 변한다.
2 꽃갓은 위아래로 깊게 갈라지고, 위쪽 갈래는 다시 얕게 4개로 갈라진다.
3 꽃받침은 매우 작으며, 5개로 갈라진다.
4 수술은 5개이며, 수술대가 꽃갓 밖으로 길게 나오고, 끝이 위로 굽는다.
수술대 밑동은 꽃갓 통 입구에 붙는다.

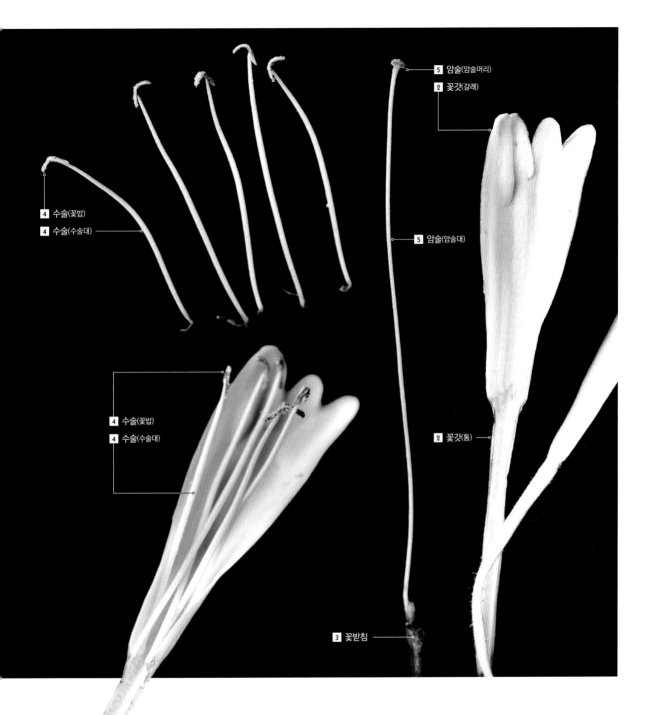

5 암술(암술머리)

2 꽃갓(갈래)

4 수술(꽃밥)

4 수술(수술대)

5 암술(암술대)

4 수술(꽃밥)

4 수술(수술대)

2 꽃갓(통)

3 꽃받침

5 암술대는 1개이며 수술보다 길고, 암술머리는 동그랗다.
6 열매는 둥글며, 검은색으로 익고, 반짝반짝 빛이 난다.

2 꽃갓

3 꽃받침

1 꽃차례

3 꽃받침

6 열매

6 열매

3 꽃받침

5 암술(암술머리)

5 암술(씨방)

인동과

분꽃나무

1 꽃은 가지 끝에 가운데에서 가장자리 순으로 모여 달린다(고른우산살송이모양꽃차례).

2 꽃갓은 끝이 5개로 갈라져 넓게 펼쳐진다.

3 꽃받침은 붉은색이며, 5개로 갈라진다.

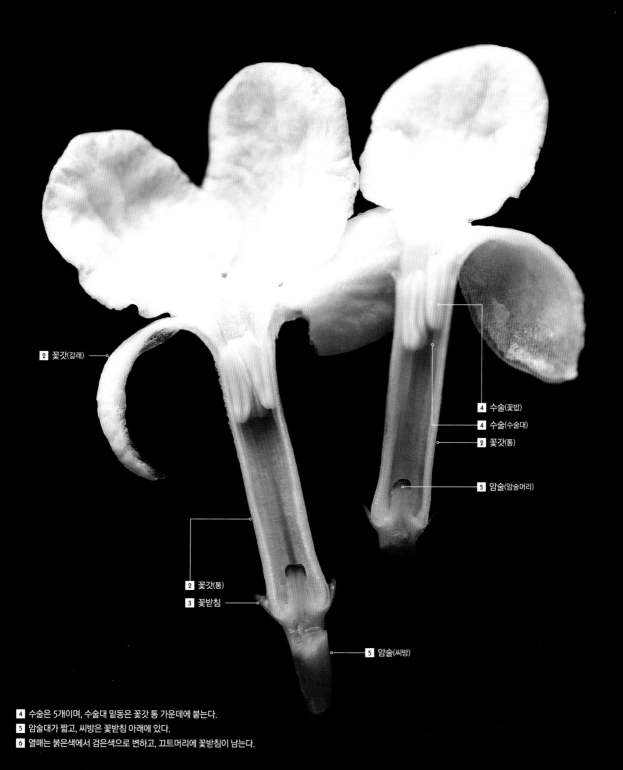

2 꽃갓(갈래)

4 수술(꽃밥)
4 수술(수술대)
2 꽃갓(통)

5 암술(암술머리)

2 꽃갓(통)
3 꽃받침

5 암술(씨방)

4 수술은 5개이며, 수술대 밑동은 꽃갓 통 가운데에 붙는다.
5 암술대가 짧고, 씨방은 꽃받침 아래에 있다.
6 열매는 붉은색에서 검은색으로 변하고, 끄트머리에 꽃받침이 남는다.

병꽃나무

5 암술(씨방)
3 꽃받침
2 꽃갓(통)
2 꽃갓(갈래)

6 열매

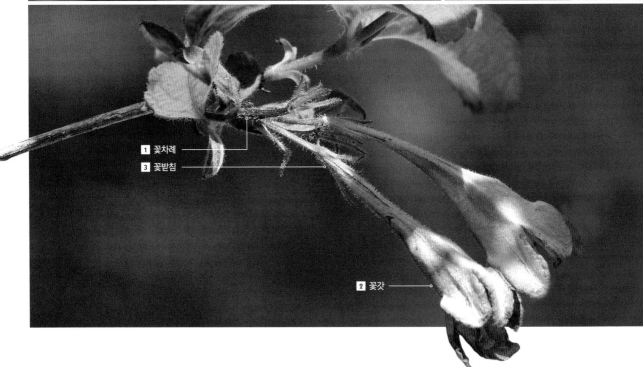

1 꽃차례
3 꽃받침

2 꽃갓

083 인동과

병꽃나무 · 붉은병꽃나무

1 **병꽃나무:** 꽃은 잎겨드랑이에 1~2개씩 달린다. 시간이 지나면서 점점 붉어진다.
붉은병꽃나무: 병꽃나무보다 진한 분홍색이거나 홍자색으로 핀다.

2 꽃갓은 5개로 갈라지고, 갈래는 펼쳐지지 않는다.
꽃갓 겉면에 샘털이 촘촘하다.

꽃 해부 도감

182

1 꽃차례
5 암술(씨방)
3 꽃받침
2 꽃갓
4 수술
5 암술

5 암술(암술머리)
5 암술(암술대)

4 수술(꽃밥)
4 수술(수술대)

3 꽃받침
5 암술(씨방)

2 꽃갓

3 **병꽃나무:** 꽃받침은 밑동까지 깊게 갈라지며, 각 갈래는 얇고 털이 많다.
   붉은병꽃나무: 꽃받침이 밑동까지 갈라지지 않으며, 털이 적거나 거의 없다.
4 수술은 5개이며, 수술대 길이는 모두 같다.
5 암술대는 1개이며 수술보다 길고, 씨방은 꽃받침보다 아래에 있다.
6 열매는 길쭉하며, 병꽃나무가 붉은병꽃나무에 비해 털이 많다.

6 암술(암술대)

5 수술(꽃밥)

1 꽃차례(대롱꽃송이)

4 꽃싸개(안쪽)

4 꽃싸개(바깥쪽)

1 꽃차례

엉겅퀴

1 대롱모양꽃으로 이루어진 송이가 줄기와 가지 끝에 1~4개 모여 달린다.

2 대롱모양꽃 1개는 가늘고 길며, 꽃갓은 5개로 깊게 갈라지고,
각 갈래는 실처럼 가늘고 길다.

3 꽃턱은 편평하거나 약간 볼록하고, 꽃받침이 변한 흰색 갓털이 촘촘하다.

4 돋을새김 장식 같은 꽃싸개는 꽃갓 밑동을 뺑 두른다. 거미줄 같은 털이 조금 있고,
바깥 꽃싸개 조각 끝은 가시 같다.

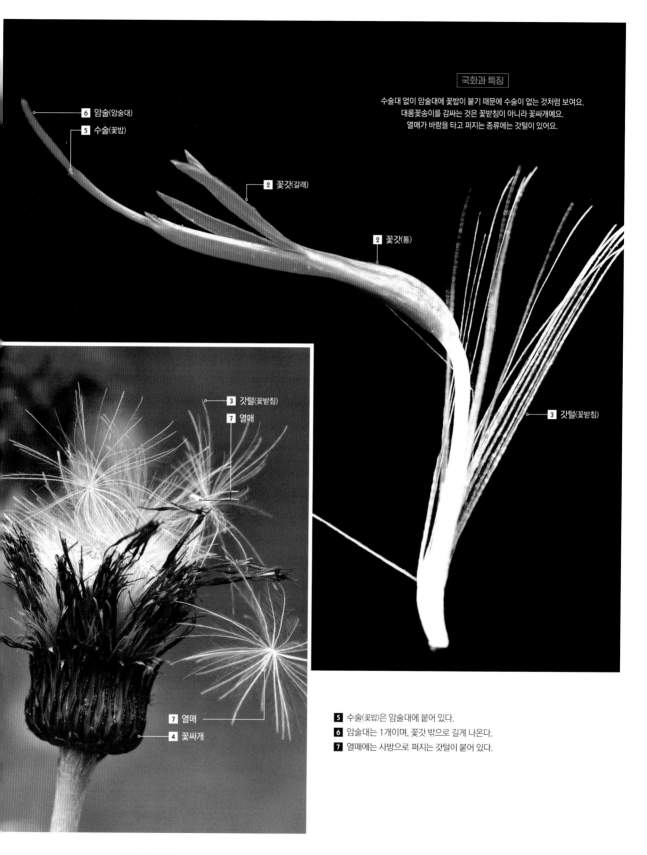

6 암술(암술대)

5 수술(꽃밥)

2 꽃갓(갈래)

2 꽃갓(통)

국화과 특징

수술대 없이 암술대에 꽃밥이 붙기 때문에 수술이 없는 것처럼 보여요.
대롱꽃송이를 감싸는 것은 꽃받침이 아니라 꽃싸개예요.
열매가 바람을 타고 퍼지는 종류에는 갓털이 있어요.

3 갓털(꽃받침)

3 갓털(꽃받침)

7 열매

7 열매

4 꽃싸개

5 수술(꽃밥)은 암술대에 붙어 있다.

6 암술대는 1개이며, 꽃갓 밖으로 길게 나온다.

7 열매에는 사방으로 퍼지는 갓털이 붙어 있다.

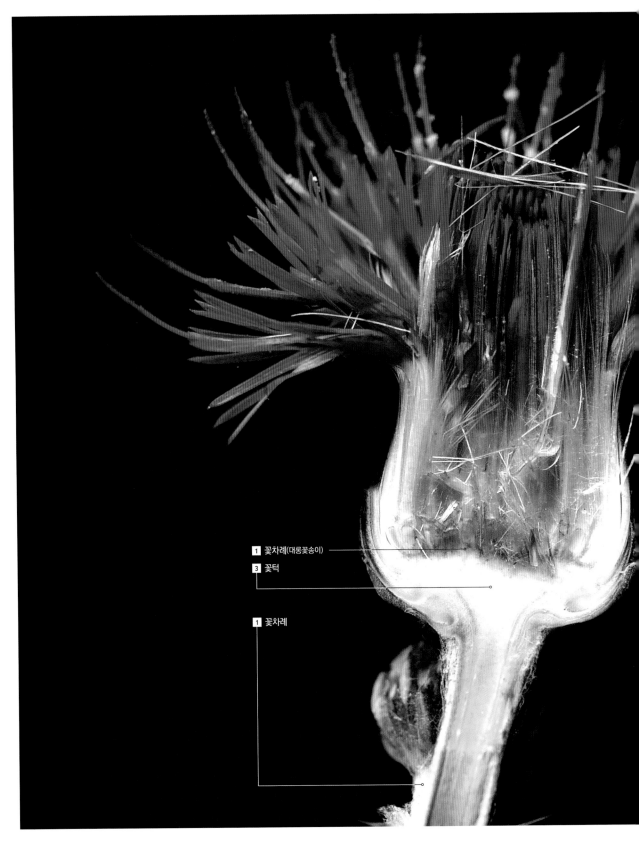

1 꽃차례(대롱꽃송이)

3 꽃턱

1 꽃차례

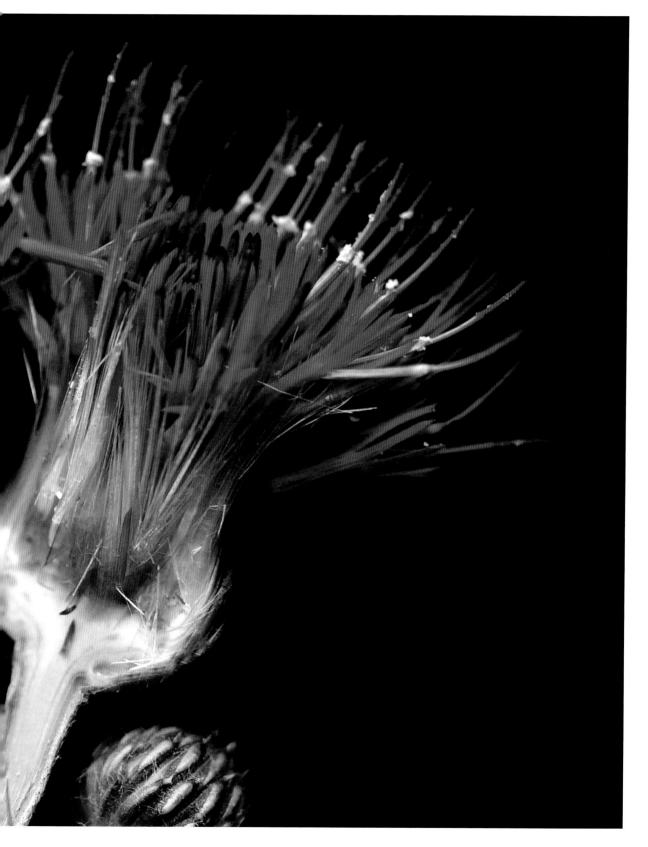

1 꽃차례(허꽃송이)

1 꽃차례

4 암술(암술머리)

3 수술(꽃밥)

6 꽃싸개(안쪽)

6 꽃싸개(바깥쪽)

085 국화과
노랑선씀바귀·선씀바귀

1 혀모양꽃 20~25개로 이루어진 송이가 줄기 끝에서 가지런하게
모여난다(고른꽃차례). 선씀바귀는 노랑선씀바귀와 달리
꽃 색깔이 흰색~연한 자주색이다.

2 혀모양꽃 1개의 밑동은 통을 이루고, 꽃갓 갈래 끝에 톱니가 5개 있다.

3 수술(꽃밥)은 암술대에 붙어 있다.

선씀바귀

2 혀모양꽃 1개

4 암술(암술머리)

4 암술(암술대)

3 수술(꽃밥)

2 꽃갓(갈래)

1 꽃차례(허꽃송이)

5 갓털(꽃받침)

2 꽃갓(통)

4 암술(씨방)

4 암술대는 1개이며, 꽃잎보다 짧다. 암술머리는 2개로 갈라져 각각
　　뒤로 말린다. 암술대가 자라면서 꽃밥 안에 있던 꽃가루가 묻어 나온다.
5 꽃받침이 변한 갓털은 흰색이며 여러 개이고, 꽃갓 밑동과 붙어 난다.
6 꽃싸개는 안쪽과 바깥쪽에 각각 있으며, 안쪽 꽃싸개 조각은 8개로
　　바깥 꽃싸개보다 훨씬 크다.

2 혀모양꽃 1개
1 꽃차례(혀꽃송이)

2 혀모양꽃 1개
4 암술(암술머리)
3 수술(꽃밥)

1 꽃차례(혀꽃송이)

4 암술(암술머리)
4 암술(암술대)
3 수술(꽃밥)

5 갓털(꽃받침)

2 꽃갓(갈래)
2 혀모양꽃 1개

2 꽃갓(통)

086 국화과

씀바귀

1 혀모양꽃 5~7개로 이루어진 송이가 줄기 끝에서 가지런하게 모여난다(고른꽃차례).
2 혀모양꽃 1개의 밑동은 통을 이루고, 꽃갓 갈래 끝에 톱니가 5개 있다.
3 수술(꽃밥)은 암술대에 붙어 있다.
4 암술대는 1개이며 꽃갓 갈래보다 짧고, 암술머리는 2개로 갈라져
　 뒤로 말린다. 암술대가 자라면서 꽃밥 안에 있던 꽃가루가 묻어 나온다.

꽃 해부 도감　　　　　　　　　　　　　　　　　　　　190

1 꽃차례

6 꽃싸개(안쪽)

6 꽃싸개(바깥쪽)

1 꽃차례

5 꽃받침이 변한 갓털은 꽃갓 밑동과 붙어 난다.
6 꽃싸개는 안쪽과 바깥쪽에 각각 있으며, 안쪽 꽃싸개 조각은 5~7개로
   바깥 꽃싸개보다 훨씬 크다.

1 꽃차례

2 허모양꽃 1개
1 꽃차례

2 허모양꽃 1개

1 꽃차례(허꽃송이)
5 꽃싸개(조각)

5 꽃싸개

1 꽃차례(허꽃송이)

4 암술(씨방)
6 꽃턱

국화과

사데풀

1 허모양꽃으로 이루어진 송이가 줄기 끝에서 가지런하게 모여난다(고른꽃차례).

2 허모양꽃 1개의 밑동은 통을 이루고, 꽃갓 갈래 끝에 톱니가 5개 있다.
꽃갓 통 부분이 꽃갓 갈래보다 길다.

3 수술(꽃밥)은 암술대에 붙어 있다.

4 암술대는 1개이며, 암술머리는 2개로 갈라져 뒤로 말린다.
암술대가 자라면서 꽃밥 안에 있던 꽃가루가 묻어 나온다.

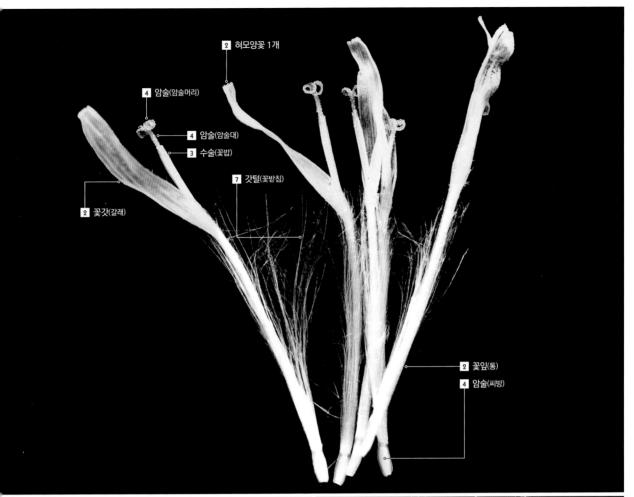

2 혀모양꽃 1개

4 암술(암술머리)

4 암술(암술대)

3 수술(꽃밥)

7 갓털(꽃받침)

2 꽃갓(갈래)

2 꽃잎(통)

4 암술(씨방)

7 갓털(꽃받침)

7 갓털(꽃받침)

8 열매

5 꽃싸개는 4~5층을 이루며 꽃잎 밑동을 뺑 두른다.

6 꽃턱은 편평하고, 열매가 익을 때 부풀면서 가장자리가 뒤로 말린다.

7 꽃받침이 변한 갓털은 꽃갓 밑동과 붙어 나며, 솜털처럼 부드럽다.

8 열매에는 세로로 골이 있으며, 흰색 갓털이 촘촘하다.

5 꽃싸개(안쪽 조각)

5 꽃싸개(바깥쪽 조각)

1 꽃차례

2 꽃갓(갈래)

1 꽃차례(허꽃송이)

2 혀모양꽃 1개

4 암술(암술머리)

4 암술(암술대)

3 수술(꽃밥)

7 갓털(꽃받침)

2 꽃갓(통)

4 암술(씨방)

8 열매

6 꽃턱

7 갓털(꽃받침)

088　국화과

민들레(털민들레)

1 혀모양꽃으로 이루어진 송이 1개가 꽃대 끝에 달린다.

2 혀모양꽃 1개의 밑동은 통을 이루고, 꽃갓 갈래 끝에 톱니가 5개 있다.

3 수술은 암술대에 붙어 있다.

4 암술대는 1개이며, 암술머리는 2개로 갈라져 뒤로 말린다.
　암술대가 자라면서 꽃밥 안에 있던 꽃가루가 묻어 나온다.

5 꽃싸개는 3겹이며, 바깥 꽃싸개 조각은 위쪽을 향하고, 조각 끝에 큰 돌기가 있다.

6 꽃턱은 편평하거나 조금 볼록하고, 열매가 익을 때 부풀면서
　가장자리가 뒤로 말린다.

7 꽃받침이 변한 갓털은 꽃갓 밑동과 붙어 나며, 열매가 달리면 폭죽처럼 퍼진다.

8 열매는 표면이 오돌토돌하고, 끝이 뾰족하고, 그 끝에 갓털이 달린다.

5 꽃싸개(안쪽 조각)

5 꽃싸개(바깥 조각)

2 혀모양꽃 1개

4 암술(암술머리)

7 갓털(꽃받침)

6 꽃턱

8 열매

1 꽃차례
(혀꽃송이)

5 꽃싸개(바깥 조각)

4 암술(씨방)

1 꽃차례
(혀꽃송이)

1 꽃차례

8 열매

붉은씨서양민들레

6 꽃턱

2 꽃갓(통)

2 혀모양꽃 1개

2 꽃갓(갈래)

4 암술(씨방)

3 수술(꽃밥)

4 암술(암술머리)

4 암술(암술대)

7 갓털(꽃받침)

089 국화과

서양민들레 · 붉은씨서양민들레

1 혀모양꽃으로 이루어진 송이 1개가 꽃대 끝에 달린다.

2 혀모양꽃 1개의 밑동은 통을 이루고, 꽃갓 갈래 끝에 톱니가 5개 있다.

3 수술은 암술대에 붙어 있다.

4 암술대는 1개이며, 암술머리는 2개로 갈라져 뒤로 말린다.
암술대가 자라면서 꽃밥 안에 있던 꽃가루가 묻어 나온다.

5 꽃싸개는 3겹이며, 바깥 꽃싸개 조각은 뒤로 완전히 젖혀지고,
조각 끝에 작은 돌기가 있다.

6 꽃턱은 편평하거나 조금 볼록하고, 열매가 익을 때 부풀면서 가장자리가 뒤로 말린다.

7 꽃받침이 변한 갓털은 꽃갓 밑동과 붙어 나며, 열매가 달리면 폭죽처럼 퍼진다.

8 열매는 표면이 오돌토돌하고, 끝이 뾰족하고, 그 끝에 갓털이 달린다.
붉은씨서양민들레는 서양민들레보다 열매 색이 붉고 짙다.

1 꽃차례(꽃송이)

2 혀모양꽃 1개

2 혀모양꽃
3 대롱모양꽃

8 열매

6 꽃싸개(안쪽)
6 꽃싸개(바깥쪽)
1 꽃차례

2 혀모양꽃 1개

\\\\090\\\\ 국화과

큰금계국

1 혀모양꽃과 대롱모양꽃으로 이루어진 송이 1개가 꽃대 끝에 달린다.
2 혀모양꽃은 송이 가장자리에 달리며 8개쯤이다. 꽃갓으로만 이루어지고,
끝에 불규칙한 톱니가 있다.
3 대롱모양꽃은 송이 가장자리부터 가운데 순으로 피고, 꽃갓 끝이 5개로 갈라진다.
4 수술은 암술대에 붙어 있다.

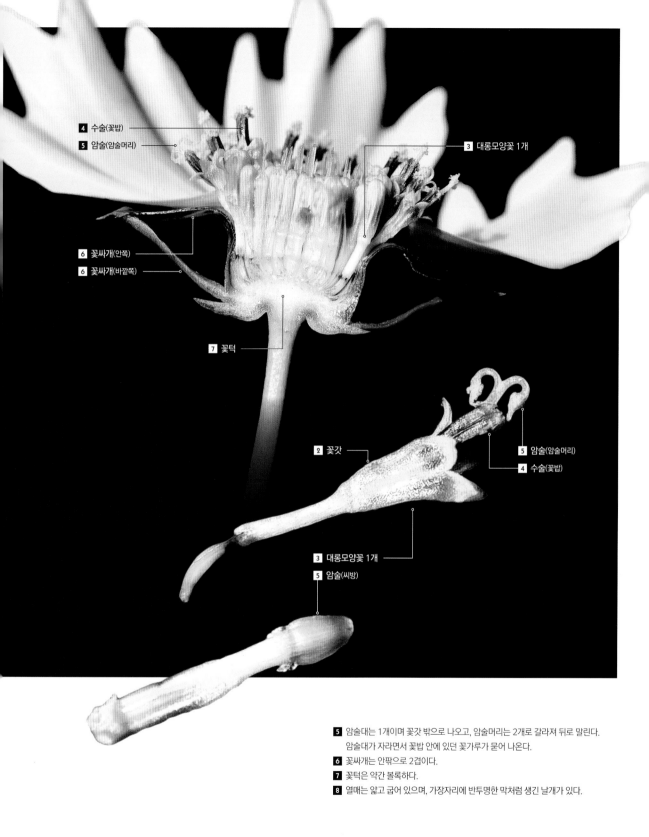

4 수술(꽃밥)

5 암술(암술머리)

3 대롱모양꽃 1개

6 꽃싸개(안쪽)

6 꽃싸개(바깥쪽)

7 꽃턱

2 꽃갓

5 암술(암술머리)

4 수술(꽃밥)

3 대롱모양꽃 1개

5 암술(씨방)

5 암술대는 1개이며 꽃갓 밖으로 나오고, 암술머리는 2개로 갈라져 뒤로 말린다.
　　암술대가 자라면서 꽃밥 안에 있던 꽃가루가 묻어 나온다.

6 꽃싸개는 안팎으로 2겹이다.

7 꽃턱은 약간 볼록하다.

8 열매는 얇고 굽어 있으며, 가장자리에 반투명한 막처럼 생긴 날개가 있다.

1 꽃차례(꽃송이)

6 꽃싸개(꽃싸개 조각)

3 대롱모양꽃 1개

2 혀모양꽃 1개

1 꽃차례

091 국화과

해바라기

1 혀모양꽃과 대롱모양꽃으로 이루어진 송이가 하나 또는 여러 개씩 달린다.

2 혀모양꽃은 여러 개이며, 송이 가장자리에 달린다.

3 대롱모양꽃은 송이 가장자리부터 가운데 순으로 피고, 꽃갓 끝이 5개로 갈라진다.

4 수술은 암술대에 붙어 있다.

5 암술대는 1개이며 꽃갓 밖으로 나오고, 암술머리는 2개로 갈라져 뒤로 말린다.
암술대가 자라면서 꽃밥 안에 있던 꽃가루가 묻어 나온다.

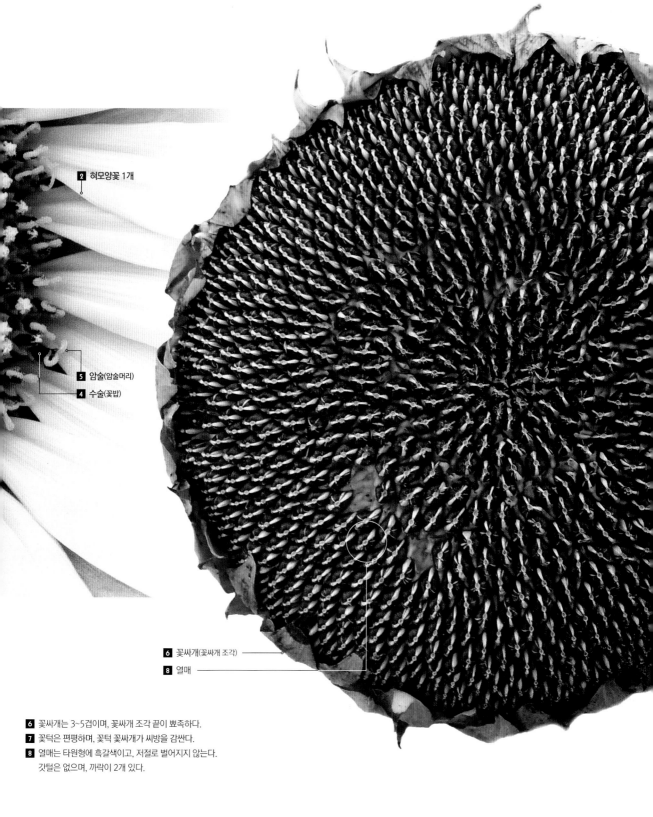

2 혀모양꽃 1개

5 암술(암술머리)
4 수술(꽃밥)

6 꽃싸개(꽃싸개 조각)
8 열매

6 꽃싸개는 3~5겹이며, 꽃싸개 조각 끝이 뾰족하다.
7 꽃턱은 편평하며, 꽃턱 꽃싸개가 씨방을 감싼다.
8 열매는 타원형에 흑갈색이고, 저절로 벌어지지 않는다.
　　갓털은 없으며, 까락이 2개 있다.

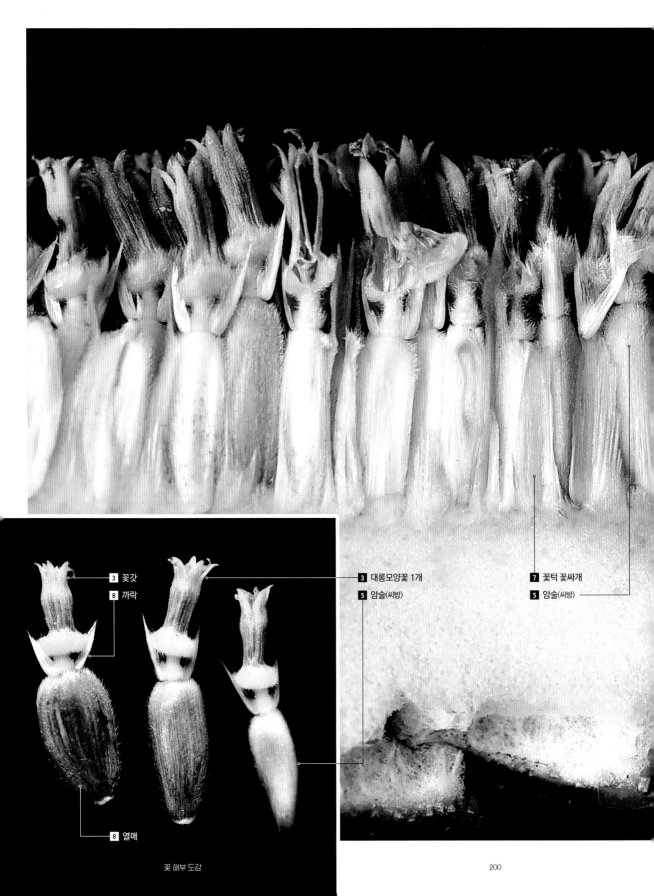

3 꽃갓

8 까락

8 열매

3 대롱모양꽃 1개

5 암술(씨방)

7 꽃턱 꽃싸개

5 암술(씨방)

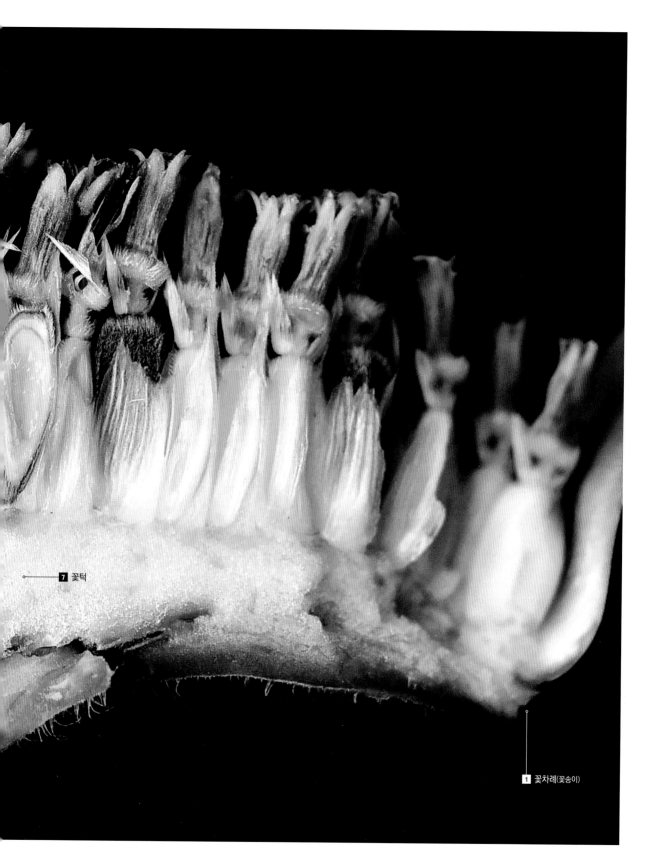

7 꽃턱

1 꽃차례(꽃송이)

- **2** 꽃잎(위)
- **3** 꽃받침잎
- **4** 수술(헛꽃밥)
- **4** 수술(중간 길이)
- **3** 꽃받침잎
- **2** 꽃잎(아래)
- **4** 수술
- **5** 암술
- **1** 꽃차례
- **2** 꽃잎
- **3** 꽃받침잎

- **8** 씨앗
- **6** 꽃싸개
- **1** 꽃차례
- **7** 열매

092 닭의장풀과

닭의장풀

1 꽃은 잎겨드랑이에 가운데에서 가장자리 순으로 달린다(고른우산살송이모양꽃차례).

2 꽃잎은 3장이며, 위쪽 2장은 파란색이고, 아래쪽 1장은 반투명한 흰색이다.

3 꽃받침잎은 3장으로 반투명한 흰색이어서 아래쪽 꽃잎과 비슷해 보인다.

4 수술은 모두 6개이며, 길이에 따라 생김새와 기능이 다르다.
꽃잎 가까이에 있는 짧은 수술은 꽃가루가 없는 헛꽃밥이며, 4개로 갈라진다.
중간 길이 수술 1개는 꽃밥 일부에 꽃가루가 있으며,
긴 수술 2개는 꽃밥 전체에 꽃가루가 있다. 수술은 모두 끝이 위로 굽는다.

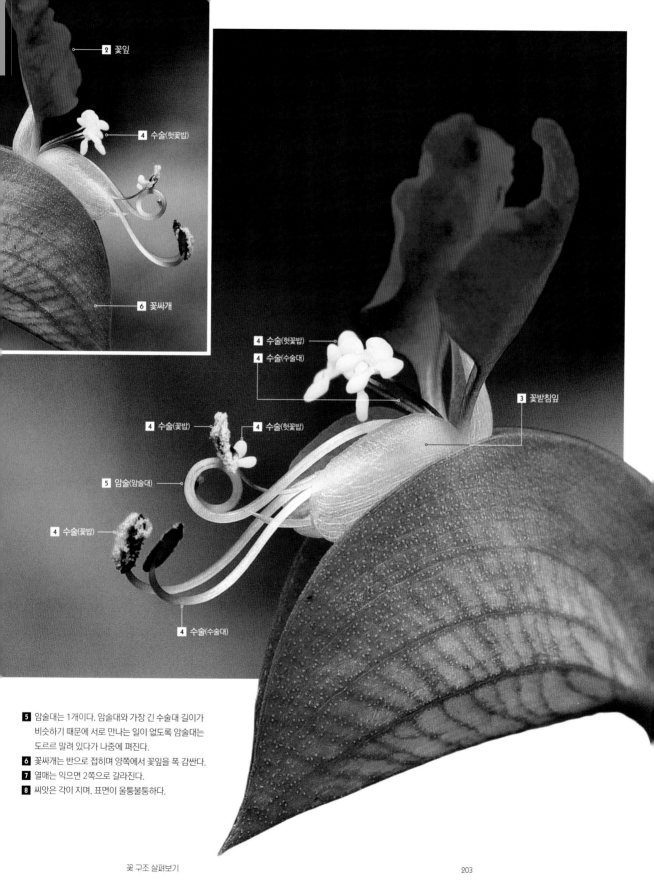

2 꽃잎

4 수술(헛꽃밥)

6 꽃싸개

4 수술(헛꽃밥)
4 수술(수술대)

3 꽃받침잎

4 수술(꽃밥)   **4** 수술(헛꽃밥)

5 암술(암술대)

4 수술(꽃밥)

4 수술(수술대)

5 암술대는 1개이다. 암술대와 가장 긴 수술대 길이가
비슷하기 때문에 서로 만나는 일이 없도록 암술대는
도르르 말려 있다가 나중에 펴진다.

6 꽃싸개는 반으로 접히며 양쪽에서 꽃잎을 폭 감싼다.

7 열매는 익으면 2쪽으로 갈라진다.

8 씨앗은 각이 지며, 표면이 울퉁불퉁하다.

꽃 구조 살펴보기

4 수술(수술대)

3 꽃덮개잎

5 암술(씨방)

4 수술(수술대)

3 꽃덮개잎

5 암술(암술대)

1 꽃차례

2 살눈

4 수술(꽃밥)

5 암술(암술대)

5 암술(씨방)

4 수술(수술대)

093 백합과

산달래

1 꽃은 긴 꽃대 끝에서 퍼지듯이 달린다(우산모양꽃차례).
2 꽃이 달리는 자리 밑동에는 꽃 일부가 변한 통통한 살눈이 둥글게 모여난다.
3 꽃덮개잎은 안쪽에 3개, 바깥쪽에 3개가 있다.

산달래처럼 살눈이 있는 식물은 열매뿐만 아니라
영양분을 담은 살눈으로도 세대를 이어 가요.

4 수술은 모두 6개이며, 수술대는 꽃덮개보다 길다.
5 암술대는 1개이며 길고, 암술머리는 갈라지지 않는다.

2 살눈

1 꽃차례

꽃 구조 살펴보기

205

2 꽃덮개잎

3 수술

4 암술

1 꽃차례

2 꽃덮개잎

4 암술(암술머리)

4 암술(암술대)

4 암술(씨방)

3 수술(꽃밥)

3 수술(수술대)

2 꽃덮개잎(안쪽)

2 꽃덮개잎(바깥쪽)

5 열매

백합과 특징

크기와 모양이 비슷한 꽃덮개잎이
3개씩 안팎으로 달리고, 수술이 6개예요.

094 백합과

애기나리

1 꽃은 줄기 끝에 1개씩 달린다.

2 꽃덮개잎은 안쪽에 3장, 바깥쪽에 3장이 있다.

3 수술은 6개이며, 수술대는 약간 납작하고, 꽃덮개보다 짧다.

4 암술대는 1개이며 길고, 암술머리는 3개로 갈라진다.

5 열매는 동그랗고 검게 익는다.

1 꽃차례

4 암술(암술머리)

4 암술(암술대)

4 암술(씨방)

2 꽃덮개잎

3 수술(꽃밥)

3 수술(수술대)

5 열매

4 암술
3 수술

2 꽃덮개잎(안쪽)
2 꽃덮개잎(바깥쪽)

1 꽃차례

095 백합과

큰애기나리

1 꽃은 줄기 끝에 2~3개씩 달린다.

2 꽃덮개잎은 두 겹으로 안쪽에 3장, 바깥쪽에 3장이 있다.

3 수술은 6개이며, 수술대는 약간 납작하고, 꽃덮개보다 짧다.

4 암술대는 1개이며 길고, 암술머리는 3개로 갈라진다.

5 열매는 동그랗고 검게 익는다.

1 꽃차례

7 열매

용둥굴레

3 꽃싸개

2 꽃덮개(통)

2 꽃덮개잎

2 꽃덮개(통)

2 꽃덮개잎

백합과

둥굴레·용둥굴레

1 꽃은 잎겨드랑이에서 1~2개가 아래로 달린다.

2 꽃덮개잎은 안쪽에 3개, 바깥쪽에 3개가 있다.

3 용둥굴레 꽃싸개는 2~3개씩 꽃덮개 통 밑동을 감싼다. 둥굴레는 꽃싸개가 없다.

4 수술은 6개이며, 수술대는 거의 꽃덮개 통에 붙는다.

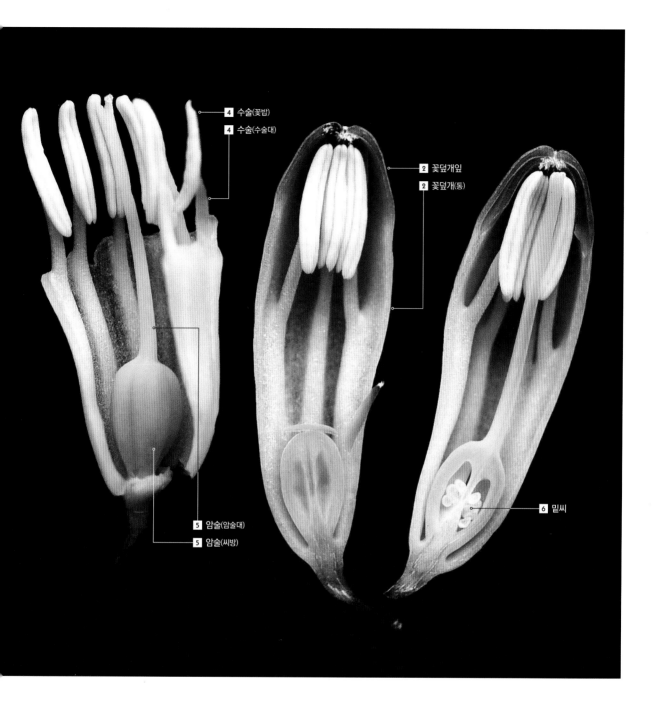

4 수술(꽃밥)

4 수술(수술대)

2 꽃덮개잎

2 꽃덮개(통)

5 암술(암술대)

5 암술(씨방)

6 밑씨

5 암술대는 1개이며 길다. 씨방은 방이 3개이다.

6 밑씨는 여러 개이며, 씨방 안쪽 가운데 축에 붙는다.

7 열매는 동그랗고 초록색에서 검은색으로 익는다.

4 암술(암술머리)

3 수술(퇴화)

2 꽃덮개잎(바깥쪽)

2 꽃덮개잎(안쪽)

암꽃

2 꽃덮개잎(바깥쪽)

2 꽃덮개잎(안쪽)

4 암술(씨방)

4 암술(암술머리)

097 백합과

청미래덩굴

1 암꽃과 수꽃이 따로 나며, 꽃은 잎겨드랑이에 퍼지듯이 달린다(우산모양꽃차례).

2 꽃덮개잎은 3장씩 2겹이며, 끝은 뒤로 말린다.
안쪽보다 바깥쪽 꽃덮개잎이 조금 더 크다.

3 수꽃의 수술은 6개이다.

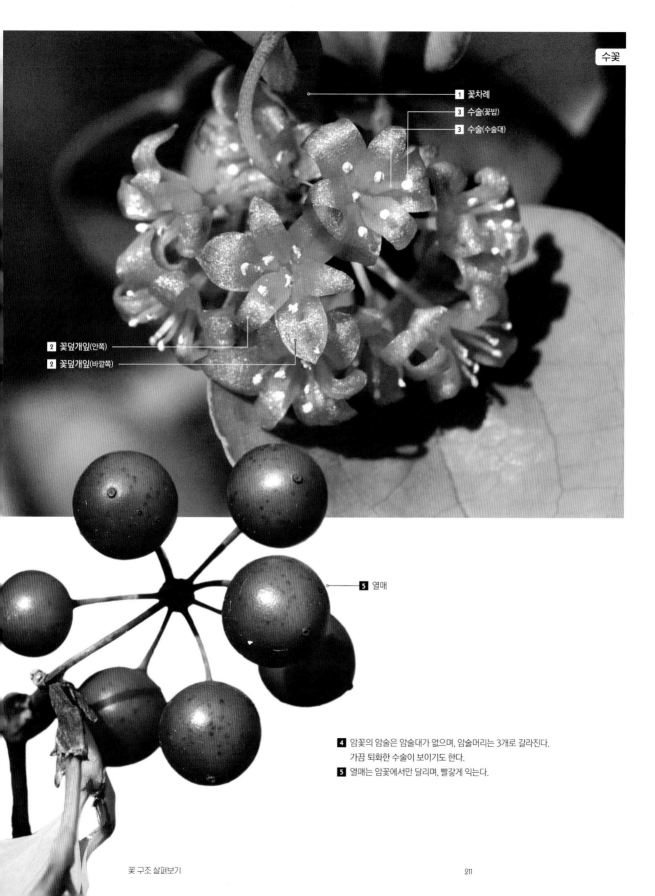

1 꽃차례

3 수술(꽃밥)

3 수술(수술대)

2 꽃덮개잎(안쪽)

2 꽃덮개잎(바깥쪽)

5 열매

4 암꽃의 암술은 암술대가 없으며, 암술머리는 3개로 갈라진다.
가끔 퇴화한 수술이 보이기도 한다.

5 열매는 암꽃에서만 달리며, 빨갛게 익는다.

1 꽃차례 ────○

3 수술
4 암술

2 꽃덮개잎(안쪽)
2 꽃덮개잎(바깥쪽)

098 백합과

산자고

1 꽃은 꽃대 끝에 1개씩 달린다.
2 꽃덮개잎은 2겹으로 안쪽에 3장, 바깥쪽에 3장이 있다.
　　겉면에 적갈색 줄무늬가 있다.
3 수술은 6개이며, 수술대는 꽃덮개보다 짧다.

4 암술(암술대)

4 암술(씨방)

3 수술(꽃밥)

3 수술(수술대)

4 암술(암술대)

5 열매

4 암술(암술대)

5 열매

6 씨앗

5 열매

6 씨앗

4 암술대는 1개이며, 수술보다 약간 짧다.

5 열매를 가로로 자르면 방 3개를 볼 수 있다.

6 씨앗은 열매 속에 층층이 쌓인다.

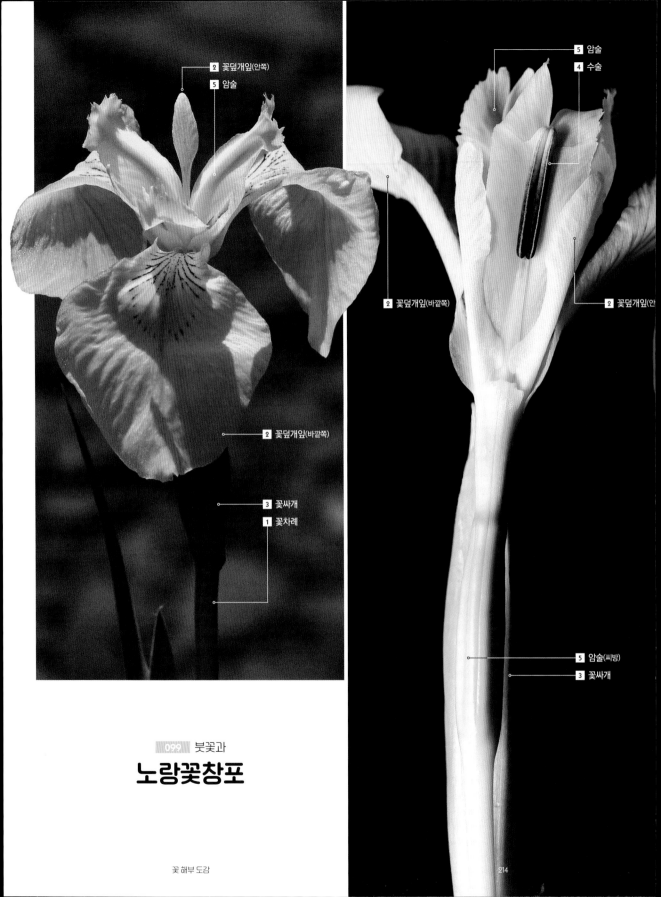

2 꽃덮개잎(안쪽)
5 암술

5 암술
4 수술

2 꽃덮개잎(바깥쪽)

2 꽃덮개잎(안

2 꽃덮개잎(바깥쪽)

3 꽃싸개

1 꽃차례

5 암술(씨방)

3 꽃싸개

붓꽃과

노랑꽃창포

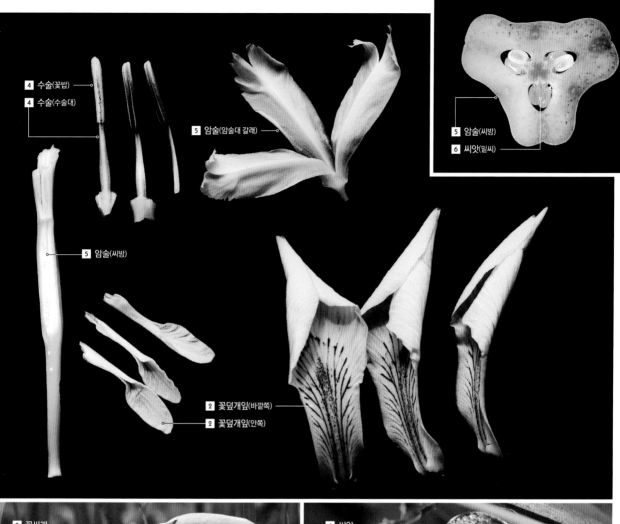

4 수술(꽃밥)

4 수술(수술대)

5 암술(암술대 갈래)

5 암술(씨방)

6 씨앗(밑씨)

5 암술(씨방)

2 꽃덮개잎(바깥쪽)

2 꽃덮개잎(안쪽)

3 꽃싸개

1 꽃차례

7 열매

6 씨앗

7 열매

1 꽃은 꽃대 끝에 수북하니 모여 달린다(고깔모양꽃차례).

2 꽃덮개잎은 2겹으로 안쪽에 3장, 바깥쪽에 3장이 있으며, 밑동은 서로 붙는다.
바깥쪽 조각은 뒤로 젖혀지고, 안쪽보다 뚜렷하게 크며, 밑동 쪽에 빗살무늬가 있다.

3 꽃싸개는 길고 납작하며 꽃을 폭 감싼다.

4 수술은 3개이며, 꽃잎처럼 펼쳐진 암술대 아래 있어서 잘 보이지 않는다.
수술대는 꽃덮개 통에 붙는다.

5 암술대는 3개로 깊게 갈라지고, 각 갈래는 끝에서 다시 얕게 갈라진다.
암술대 갈래는 안쪽 꽃덮개잎보다 크고, 수술을 위에서 덮는다.
씨방에 방이 3개 있다.

6 밑씨는 씨방 가운데 축에 붙어 층층이 쌓이며, 씨앗은 둥글납작하다.

7 열매는 익으면 3쪽으로 갈라진다.

3 수술
4 암술

2 꽃덮개잎(안쪽)
2 꽃덮개잎(바깥쪽)

2 꽃덮개잎(안쪽)
2 꽃덮개잎(바깥쪽)

1 꽃차례

100 붓꽃과

각시붓꽃

1 꽃은 꽃대 끝에 1개씩 달린다.
2 꽃덮개잎은 2겹으로 안쪽에 3장, 바깥쪽에 3장이 있으며, 밑동은 서로 붙는다. 바깥쪽 조각은 뒤로 젖혀지고, 안쪽보다 크며, 밑동 쪽에 빗살무늬가 있다.
3 수술은 3개이며, 꽃잎처럼 펼쳐진 암술대 아래 있어서 잘 보이지 않는다. 수술대는 꽃덮개 통에 붙는다.

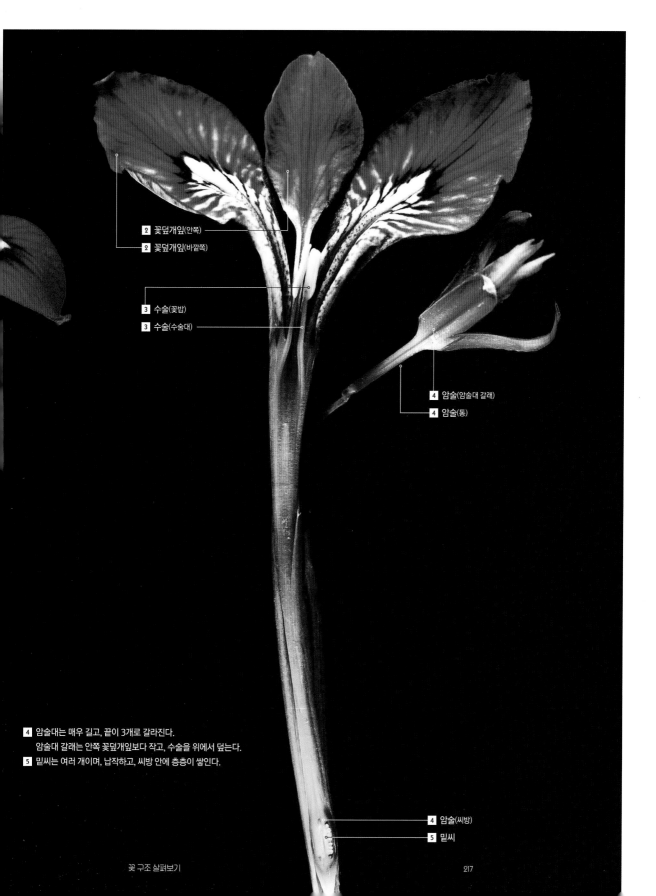

2 꽃덮개잎(안쪽)

2 꽃덮개잎(바깥쪽)

3 수술(꽃밥)

3 수술(수술대)

4 암술(암술대 갈래)

4 암술(통)

4 암술대는 매우 길고, 끝이 3개로 갈라진다.
　　암술대 갈래는 안쪽 꽃덮개잎보다 작고, 수술을 위에서 덮는다.
5 밑씨는 여러 개이며, 납작하고, 씨방 안에 층층이 쌓인다.

4 암술(씨방)

5 밑씨

꽃 구조 살펴보기

찾아보기